低渗透油田
精细注水技术与实践

王连刚　郑明科　陆红军　杨海恩　鄢长灏　等编著

石油工业出版社

内 容 提 要

　　本书总结了长庆油田在低渗透油藏水驱开发的攻关试验成果，重点展示了低渗透油藏特征描述、注水井投注工艺方案设计、精细分层注水技术、欠注井增注技术、深部调驱工艺技术等方面取得的新工艺、新技术、新成果。

　　本书可供油田、科研院所及高等院校等从事注水开发相关工作的人员参考使用。

图书在版编目（CIP）数据

低渗透油田精细注水技术与实践 / 王连刚等编著 .—

北京：石油工业出版社，2023.1

ISBN 978-7-5183-5700-0

Ⅰ.①低… Ⅱ.①王… Ⅲ.①低渗透油层 – 注水（油气田）– 油田开发 – 研究 Ⅳ.①TE348

中国版本图书馆 CIP 数据核字（2022）第 195081 号

出版发行：石油工业出版社

　　　　（北京安定门外安华里 2 区 1 号楼　100011）

　　　　网　　址：www.petropub.com

　　　　编辑部：（010）64210387　　图书营销中心：（010）64523633

经　　销：全国新华书店

印　　刷：北京中石油彩色印刷有限责任公司

2023 年 1 月第 1 版　2023 年 1 月第 1 次印刷

787×1092 毫米　开本：1/16　印张：11

字数：280 千字

定价：88.00 元

《低渗透油田精细注水技术与实践》
编 委 会

主　　编：王连刚

副 主 编：郑明科　陆红军　杨海恩　鄢长灏

编　　委：（按照姓氏笔画排序）

于九政　马　波　王　勇　王　薇　王尔珍　王守虎

王俊涛　王晓娥　王睿恒　巨亚锋　邓志颖　申晓莉

毕福伟　任晓明　刘　芳　刘　明　刘延青　孙　爽

李正添　李志文　李洪畅　李楼楼　杨玲智　何汝贤

张皎生　张随望　陈　钰　陈彦云　罗必林　赵　坤

荣光辉　胡改星　贾玉琴　唐泽玮　唐思睿　姬振宁

隋　蕾　董立超

低渗透油藏是当前和未来国内原油增储上产的重要支柱和保障，在持续产量上升中起主导作用，有效开发此类资源为世界级难题。多年开发实践证明，注水是解决低渗透油藏天然能量不足、单井产量低的有效手段。长庆油田注水开发产量达 91% 以上，"十三五"末、"十四五"初，综合含水率达到 61.5%，进入中高含水开发阶段，增储上产形势依然严峻。主要存在以下难点：一是长期水驱后储层渗流规律发生变化，油藏认识还需进一步深化。二是低渗透油藏水驱驱替体系难以建立，动态采收率低。主向裂缝性水窜问题突出，侧向受效程度较差，整体上难以建立有效的驱替系统，平面和纵向矛盾突出，水驱控制程度及水驱动用程度均较低，基于小层的精细有效注水技术亟需落实。

提高油田注水开发效果是一项系统工程，要以油藏研究为基础导向，强化关键技术攻关，完善落实开发实践，做到三者统一、并行前进，确保工艺技术成为油藏开发的利器，有效提高注水开发效果。通过创新攻关，长庆油田在单砂体精细刻画、精细分层注水、深部调驱、欠注井治理等方面打破了技术瓶颈，实现了工艺优化定型，现场应用成效显著。本书即为这些成果的总结，可为从事油田开发工作的科研人员、管理工作者以及高校师生提供参考，为"十四五"规划提供借鉴。

本书首先描述了低渗透油藏特征，介绍了中高含水期不同沉积模式单砂体刻画技术，进一步深化开发规律认识；其次，介绍了以注好水、注够水、精细注水、有效注水为目的的注水井投注工艺方案设计，以解决纵向层间剖面矛盾为目的的精细分层注水技术，以提升层内水驱动用程度为目的的欠注井增注技术，以提高平面注水波及体积为目的的深部调驱工艺技术；最后，以重点试验区为抓手开展实践应用，综合治理平面和剖面矛盾，实现注采有效调控，提高低渗透油藏水驱采收率。

本书的参考文献只列举了公开出版的书刊文献，大量油田内部资料均未列入，特此对作者表示歉意和谢意。

　　由于笔者水平有限，难免有不足之处，恳请广大读者批评指正。

CONTENTS

目 录

第一章　低渗透油藏地质特征

低渗透油藏是长庆油田高效开发油藏的主战场之一，平均渗透率通常为 10～50mD。从 1966 年下半年开始，长庆油田先后集中力量发现李庄子、大水坑、红井子、摆宴井、马岭及华池等一大批中生界油田。

第一节　区域地质特征

长庆油田在 40 多年的勘探开发实践中逐步认识到鄂尔多斯盆地油藏地质条件的特殊性和复杂性。这是因为在整个盆地沉积和成岩过程中，由于不同地质时期沉积岩系中的多旋回沉积，形成了多套生储盖组合，加上盆地内不同区域构造的差异，决定了在不同区带、不同层系中圈闭类型的不同，进而形成了许多不同圈闭的低渗透油藏。鄂尔多斯盆地中生界低渗透油藏主要具有以下地质特征。

一、储层粒度细、物性差、渗流阻力大

鄂尔多斯盆地储层岩石的成分成熟度低，而成岩成熟度高，主要为细—粉细砂岩。由于岩石粒度细、分选差、胶结物含量高，经压实和成岩后生作用，储层变得十分致密，因而储层孔喉半径小、物性差（图 1-1 和图 1-2），流体渗流阻力大，具有非线性渗流的特征。

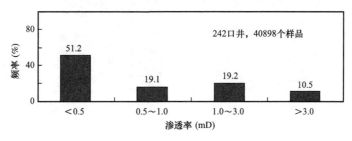

图 1-1　鄂尔多斯盆地陕北地区长 6 油层渗透率分布直方图

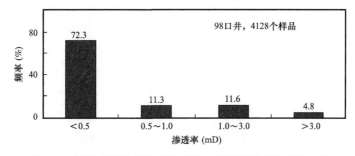

图 1-2　鄂尔多斯盆地陇东地区长 8 油层渗透率分布直方图

二、储层物性变化大、非均质性强

陆相沉积环境的多变性决定了储层沉积相带与微相变化的复杂性，从而导致储集砂体分布的不均衡性；沉积后成岩作用的强烈改造，导致储层层间、层内渗透性变化的不确定性。基于上述两方面的原因，鄂尔多斯盆地三叠系延长组砂岩储层在三维空间上表现出了强烈的非均质性。

三、油气层普遍紧邻烃源岩

鄂尔多斯盆地延长组油藏具有烃源内成藏的特点，油藏受构造控制作用不明显，以大型、整装隐蔽性岩性油气藏为主。

四、油藏储量丰度低

由于油藏物性差、有效厚度薄，一般油层丰度为（40～60）×10^4t/km^2，气层丰度为（0.5～2.0）×10^8m^3/km^2。

五、储层裂缝、微裂缝发育

岩心观察、岩矿薄片及动态测试资料等反映出低渗透储层裂缝、微裂缝发育（图1-3和图1-4），使储层具有裂缝和基质孔隙双重介质的特征。

图1-3　西19井，长8油层，微裂缝（隙）　　　图1-4　环95井，延10油层，微裂缝（隙）

六、可动流体饱和度较高

由于储层裂缝、微裂缝发育，一方面使储层内部本身具有较高的可动流体量，另一方面裂缝、微裂缝能够沟通孔隙，增加储层可动流体饱和度。

七、润湿性为弱亲水—中性

根据室内测试资料表明，储层润湿性为弱亲水—中性，使得水湿不流动相占据了微孔，油湿相占据了大中孔喉，具有较高的水驱油效率，有利于注水开发。

八、原油性质较好

原油密度多数小于 0.85g/cm³，黏度小于 2mPa·s，具有低相对密度、低黏度、低凝固点的特点，易于流动。

按照地层层系，自上而下分为两套含油层系，即中生界侏罗系河流相低渗透砂岩油藏和三叠系三角洲相特低渗透砂岩油藏。这些油藏主要分布在盆地内陕北斜坡带的中部和西南部。

第二节　侏罗系砂岩油藏地质特征

侏罗系延安组和直罗组是鄂尔多斯盆地主要含油层系之一，具有独特的油藏形成条件和油藏地质特征。主要油源来自下伏的三叠系延长统生油岩，储层为侏罗系河道砂岩，油藏多分布在盆地内西倾斜坡构造带上。

侏罗系的沉积岩是在三叠系延长统沉积后，印支运动使盆地整体抬升，三叠系延长组上部被剥蚀，形成的一个大面积高低起伏的古地貌背景上的沉积岩体，古地貌高差达300～400m。侏罗纪早期，在低洼处河流发育。富县组和延安组底部延 10 段为河流相沉积，是侏罗系的主要储层，由于河流的下切作用，使下伏的三叠系油源能够向上运移进入侏罗系储层，成为下生上储的成油组合，至延 10 段沉积末期，逐步转为沼泽化沉积环境，有煤系生成。延 9 段以上的地层具备一定的生油能力。延 9 段油藏多呈带状分布，也是本区主力油层之一。延 8 段至直罗组油藏，多是凸镜状砂岩体。

在主要古河流的主河道部位，砂岩厚度大，但沉积较混杂，不宜形成良好的储层。在主要古河流的两侧及发育的次一级古河流沉积的砂岩体，厚度较薄，砂粒分选好，储层物性好，是形成油藏的主要砂岩体。远离主要古河流的古地貌丘陵区和坡系区腹地，大片区域主要是剥蚀区，一般缺失侏罗系底部主力油层延 10 段的沉积。由于古河道沟通了下伏的三叠系的油源，油气首先运移进入主要古河流侧边侏罗系砂岩体的局部压实构造中去。在中侏罗世，地台中东部形成西倾大斜坡，这些幅度小的压实构造普遍变成向东开口的鼻状构造，因此，上倾方向还要有次一级河流沉积形成的泥质岩成为岩性遮挡，从而形成一系列不同特点的隐蔽性油藏。

侏罗系延安组和直罗组油藏是目前长庆油田油层物性相对好、单井产量较高的一套主力油层。

一、储层沉积特点

侏罗系延安组根据岩性特征自下而上分为四段，对应延 1—延 10 层十个油层组。底部延 10 层主要为河流沉积体系，中部和上部的延 1—延 9 层以大型湖泊及其周缘的缓坡三角洲沉积体系为主。该层系具有储层物性较好、含油丰度高、含油面积小、勘探风险大的特征。

1. 河道砂岩体

侏罗系下部富县组和延安组为一套沟、谷充填式的河道沉积，纵向上切入延长组之中，平面上呈树枝状分布于盆地中南部大型生油凹陷区沉积的油源岩之上。这些岩体是由河道多期迁移、切割、叠加形成的复合岩体，主要岩性为含砾中—粗砂岩，中—细砂岩。按其沉积条件和特点，可进一步分为急流河道砂岩体、边滩、心滩砂岩体和河漫沙堤砂岩体。急流河道砂岩体主要发育于富县组和延 10 段中下部，沿甘陕和庆西、宁陕、蒙陕两极古河流轴部分布，厚 0～300m，岩性为含砾中—粗砂岩，分选差，非均质性强，物性差，属低渗透层，如庆西古河的马岭油田南区延 10 油藏。边滩、心滩砂岩体在延 10 段沉积期主河道两侧或河曲浅水一侧广泛分布；心滩主要在河道拓宽处或汇水区分布，为正粒序的多阶二元结构沉积体，下粗上细，这类砂岩体均质性好，是本区最好的储层，也是最重要的生产层，如马岭油田，平均孔隙度 16%，平均渗透率 50mD。河漫沙堤砂岩体发生于洪泛期溢岸水流，沿河道两岸分布，呈带状，主要岩性为细—粉砂岩、泥质砂岩，广泛分布于富县组和延 10 段河流沉积中。

2. 三角洲砂岩体

延安组延 9 段、延 8 段三角洲平原分流河道砂岩体发育，分布于吴起、延安、定边及陇东地区，主要为三角洲平原分流河道砂岩体，三角洲前缘沉积不发育，前三角洲与浅湖相连为一体，形成砂岩体与湖沼相岩体交互分布。三角洲平原分流河道砂岩体呈带状向湖中延伸，由一套中—细砂岩夹泥岩组成，为延安组中上部重要的储集砂岩体，也是主要产层之一。三角洲前缘相砂岩体局限于华池—吴起一带，一般呈向前倾斜的带状和串球状砂岩体，夹于泥岩当中，岩性为粉—细砂岩及部分中砂岩，是仅次于分流河道砂岩体的一种储油层。

3. 远沙坝砂岩体

分布于三角洲前缘向湖的一侧，在深灰色泥岩中夹有细—粉砂岩透镜体，分布比较局限，也比较致密。

二、储层岩性与孔隙结构

侏罗系延安组和直罗组储层岩性是以长石质石英砂岩为主的中—细粒砂岩，由于沉积结构和成岩作用的影响，不同区和层的油层物性普遍较低而且变化大，如马岭油田，中北区等油层物性较好，平均孔隙度 18%～20%，平均渗透率为 50mD，南区不同，油层特别致密，平均孔隙度为 10%，平均渗透率小于 5.0mD，因此侏罗系砂岩油藏多为低渗透油藏。

延安组油层属低渗透非均质性强的油层，具有独特的孔隙结构特征，与国内外一般砂岩油气藏明显不同。据延安组油层压汞资料分析，驱替压力为 0.8～8.2MPa，中值压力为 0.07～4MPa，喉道半径均值为 0.24～7.0μm，分选系数为 2.7～1.3，变化范围较大，喉道分布呈正偏态、粗歪度。总的可归纳出一些规律性特征，主要有以下几点。

（1）不同的沉积条件与成岩后生作用控制着油层孔隙结构特征的变化。研究证实，在一定沉积条件下，成岩后生作用对孔隙结构特征的变化起着决定性作用。从盆地内延安组砂岩油藏独特的地质条件来看，在河流相沉积的纯石英砂岩区，由于软组分含量少，岩屑仅占 2.3%，胶结物含量只有 10% 左右，这套储层压实作用轻微，成岩后生作用主要表现在自生矿物 SiO_2 的析出，使陆源石英次生加大，从而改变了原来的孔隙结构。一方面，砂岩中石英燧石含量越高，胶结物含量越少，则地下水交替越频繁，石英次生加大作用越强烈。但是当油气运移到储层后，上述作用便受到抑制而减弱，致使有些砂岩仍保留了部分原来的孔隙和喉道。另一方面，石英燧石的溶蚀及颗粒间的压实作用，形成缝合线堵塞了部分喉道，使孔隙结构分选变差。

如果沉积区胶结物含量增加、粒间孔被黏土矿物充填或颗粒周围形成水云母薄膜，就会阻止石英次生加大和压溶作用。当胶结物含量达到 20% 左右时，粒间孔基本为黏土矿物所充填，这时压溶石英次生加大基本少见。

在沉积粒度粗、分选差、成分混杂、软组分含量高的地区，陆源沉积物成岩后生期的变化主要表现为压溶作用。软组分含量增加，颗粒变细，压实作用变强烈，从而就破坏了原生孔隙并使它变小，喉道变细。另外，由于长石含量高，长石溶蚀及高岭土化十分明显，易形成自生高岭石，尤其是在粒度较粗、分选相对好、沉积黏土含量少的砂岩中，有利于地下水交替活动和晶体生长，高岭石晶体粗大、发育良好、晶间孔相对发育。反之高岭石晶粒细小、发育不良。这就是形成这些地区孔隙网络组合复杂、物性差而喉道分选较好的根本原因。

（2）油层渗透率与喉道分选成反比，即渗透率高、喉道均匀程度差，水驱油效率也随之降低，不同于一般砂岩油田孔隙结构特征。

（3）喉道分布属正偏态粗歪度，而孔隙分布属负偏态细歪度。孔喉贡献主峰区与渗透率贡献主峰区基本一致，说明目前所测空气渗透率主要由少数大喉道提供，因而喉道分选与渗透率呈反比。

（4）有效孔喉半径与渗透率之间呈正相关。即渗透率越高，含油有效孔喉半径越大，这与加拿大帕宾那油田卡迪姆砂岩储层特点是一致的。

（5）不同类型孔隙结构的油层有着不同的相对渗透率曲线特征。

从两种不同孔隙结构类型相应的油层相对渗透率曲线特征来看，呈有规律性的变化特点：饱和度由小变大（28% 升为 39%）；残余油饱和度由大变小（31% 降为 27%）；油水两相交叉点自左向右偏离（含水饱和度由 52% 变为 59%）、自上而下移动（相对渗透率由 0.04 变为 0.02）。这种现象表明，由相对高渗透层到低渗透层，岩石润湿性由相对亲油逐渐过渡到相对亲水。

第三节　三叠系砂岩油藏地质特征

鄂尔多斯盆地作为一个独立的沉积盆地，是从三叠系开始形成的。三叠系延长组沉积时期，在盆地内形成了一个大型生油气凹陷，有两个主要的碎屑岩沉积体系和多个良好的生储盖成油组合。三叠系延长组位于盆地中部大型生油凹陷区，黑色泥页岩及油页岩发育，成为中生界油田的主要生油岩。在盆地东北和西南方向存在两个主要物源供给区，分别形成了从东北向西南方向的湖泊三角洲和由西南向东北方向的扇三角洲—湖底扇两大碎屑岩沉积体系。其岩性为一套暗色泥岩与中—细砂岩、细粉砂岩互层，延长组的大型三角洲和扇三角洲等从盆地周围深入湖盆之中，从长期勘探开发实践资料看出，在湖岸线上下的三角洲前缘带是大油田分布的主要地区和油气富集带。这是因为三角洲砂体和扇三角洲砂体直接伸入生油凹陷的生油岩之中，成为良好的输导和储层，特别是三角洲前缘发育的河口沙坝、分流河道的砂岩体和一些"朵状体"的砂岩体物性比较好。同时由于湖盆在形成、发展和消亡过程中，湖岸线经历了多次进退变化，进而形成了多个良好的生储盖组合，对形成三角洲油藏大面积复合连片创造了良好的物质条件。

三叠系延长组油层也是盆地内最早在盆地东部浅油层区进行石油钻探开采的含油层系。1966 年，在盆地西部马探 5 井第一次引用压裂改造措施获自喷工业油流，使马家滩低渗透砂岩油藏具备了工业开采价值。到 1970 年初，又在盆地中南部钻了一批参数井，同时对庆参井延长组油层进行多次压裂改造，仅获日产油流 3.1m³，初步展示了延长组油层分布范围广、油层多、油层厚的地质特点。特别是 20 世纪 70 年代初，长庆油田会战以来，在盆地内采用大井距甩开钻成两条"十字大剖面"评价井的整体部署和"压开延长组，改造低渗透"勘探开发延长组油层的战略思路，为以后勘探开发延长组油层打下了一定基础。通过大面积钻探实践，除大面积井见油层或出油外，在洛河和葫芦河地区分别找到了下寺湾油田和直罗油田，进一步证实，延长组低渗透油层大面积分布的前景。同时在庆城和直罗开辟了两个压裂和注水开发的试验区，重点进行油层压裂和注水开发试验。对延长组低渗透油藏的重新认识和后来大面积开发积累了大量资料和经验。然而，由于延长组油层致密，油层渗透率低，勘探开发周期长，直到 20 世纪 80 年代中后期，以提高单井产量和经济效益为目标，进行开发试验和科研攻关，应用压裂、注水开发试验等新工艺、新技术，以及随着对低渗透油藏认识的不断加深和科技创新完善了八项配套技术，才陆续成功地勘探开发了安塞、靖安大油田，直到跨入 21 世纪后才在陇东地区发现了西峰大油田。

一、三叠系延长组层组划分

延长组沉积时期，沉积了一套生储盖组合配套、自生自储的延长组含油岩系。从湖盆内沉积岩的相序演化来看，自下而上反映出这个沉积盆地从形成、发展直至消亡的一个全过程，在这个沉积过程中沉积层自然而然地在岩石剖面上形成了一些不同岩性组合的正反多旋回沉积特点，是目前勘探开发的主要目的层和大发展的接替层。根据延长组地层沉积旋回和岩性特征，自下而上划分为五段，按含油特征自上而下细分为长 1—长 10 油层，十个油层组。

二、储层沉积特点

三叠系延长组属内陆湖泊相沉积。盆地东北部相对抬升，以河流—三角洲平原相沉积为主，岩性较粗，厚度较薄；盆地西南部长期处于坳陷、水深的湖泊环境，沉积了一套岩性较细（泥页岩 50% 以上）、厚度大的湖泊三角洲地层，主要特点是随着盆地的形成、发展、消亡过程，形成了多套油气生、储、盖层交替叠合、配套完好的成油条件。叠置于生油层上下的河流—三角洲砂体构成主要的油气储集层段。三角洲沉积岩体具备最佳的成油组合，底积层为生油底盘，前积层为储油砂体，底积层又可作为盖层，构成不同特点的储油层。

延长组油层的 10 个油层组总体上都是一些低孔、低渗透、低含油饱和度的储层。但因其沉积条件和成岩期成岩作用不同，特别是沉积物源控制的砂岩类型和分区性的不同，导致各油层储集条件在不同地区不同层组其油层物性和含油性也不同。

实践证明：盆地东北方向的河流—三角洲沉积体系，在陕北地区形成了多个三角洲群体，主要有三角洲平原分流河道砂体，三角洲前缘、河口坝和其复合型砂岩体；盆地西南方向冲积扇—扇三角洲沉积体系，在陇东地区长 6—长 8 油层主要为扇三角洲前缘—浊积体沉积体。主要储层为扇三角洲前缘砂岩体，储层物性有明显分带性，扇三角洲前缘近岸带物性好，是油田勘探开发的主要区带。

在盆地东北部的陕北地区，为三角洲前缘相砂岩体与三角洲平原分流河道砂岩体。

1. 三角洲前缘相砂岩体

该砂岩体在陕北地区广为分布，长期发育于三叠系延长组沉积时期。三角洲前缘相叠加砂岩体，包括河口坝、水下分流河道和二者切割叠加的三种亚相砂岩体。

河口坝砂岩体具有明显的反粒序结构特点，为三角洲砂岩体中最好的储层。这种类型的砂岩体在陕北各三角洲广为分布，一般在三角洲前缘呈朵叶状连片分布，在延长组各油田均为重要的含油层。

水下分流河道砂岩体为三角洲平原分流河道在水下延伸部分沉积的砂岩体，形态与水上分流河道砂岩体相似，正粒序，由下向上变细，有交错层理。与分流河道砂岩体不同的是，岩性细、为中—细砂岩、细砂岩，呈席状大面积连片分布，如安塞、靖安和吴起等油田均有大面积分布，但由于受河道控制，油层非均质明显。

复合型砂岩体主要特点是砂岩体的下部为河口沙坝、其上为水下分流河道沙坝切割叠加的复合型砂岩体。

上述砂岩体是陕北地区延长组三角洲砂岩油藏的主要储层，岩性为中—细砂岩、细砂岩，一般单层厚 15～20m，分布稳定，含油面积大。

2. 三角洲平原分流河道砂岩体

三角洲平原分流河道砂岩体，在盆地内分布范围较大。砂体形态变化大，纵向上一般是上平下凸，常为多期河道叠加的厚层复合砂岩体，平面上随着河流走向多呈条带状展布，岩性以中—细砂岩为主，一般砂岩体含油面积变化大，油层非均质性强。

在盆地西南的陇东地区为扇三角洲沉积砂岩体和浊积砂岩体，发育有延长组长 6—长 8 油层扇三角洲前缘砂岩体、浊积砂岩体。

1）扇三角洲前缘相砂岩体

在陇东地区储层砂岩体主要发育于水下分流河道和局部发育的河口坝。

水下分流河道砂岩体纵向剖面具有下粗上细的正旋回沉积特点，层理发育，处于滨浅湖环境，受湖浪淘洗，砂岩分选好，如西峰地区剖 11 井长 8 油层砂岩层约 30m，平均孔隙度 7.4%～13.6%，平均渗透率 0.6～1.89mD。

河口坝砂岩体由于在湖平面下降的情况下，三角洲不断向湖盆中心推进，所以纵向剖面具有上粗下细、砂层厚度增大的反旋回特点，如西峰地区西南部的剖 14 井长 6 油层组为扇三角洲前缘相，纵向剖面自下而上单序列为三角洲前缘斜坡末端滑塌沉积组合和三角洲前缘河口坝沉积，前者岩性以细粉砂岩、粉砂质泥岩与泥质砂岩互层为主，后者以中砂岩、细砂岩为特点。

2）湖泊浊积相砂岩体

湖泊浊积砂岩体形成于半深湖、深湖环境，为洪泛河水的直接注入和浅水沉积物大规模滑塌的产物，在本区马岭、庆城、固城川一带长 6、长 7、长 8 油层广泛发育。根据浊积岩的沉积特点，可分为薄层浊积岩和块状浊积岩。

薄层浊积岩主要分布于前缘浊积岩、远缘浊积岩的顶、底部和侧翼。通常由下部的粉砂岩、粉砂质泥岩和上部的粉砂质泥岩或泥岩组成，粒序层理和平行层理发育，如固城川地区固 9 井、固 10 井等。

块状浊积岩厚度大，主要由细砂岩、粉砂岩、粉砂质泥岩等形成正旋回，岩石分选较好，砂岩以块状层理为主，如马岭、庆城、固城川等地区长 6—长 8 油层。

三、储层特征

1. 储层岩石矿物特征

储层岩石矿物特征主要受物源控制。经研究三叠系延长组沉积时主要有两大物源体系：来自东、东北方向的物源，沉积区广泛形成稳定碎屑成分含量低（石英含量 33.3%～40%，长石含量 60% 以上）、结构成熟度较高的长石砂岩，因其富含长石和重砂，导致砂岩中有很多长石和重砂被溶蚀而成为次生溶孔，形成次生溶孔发育的砂岩体，这对改善低渗透砂岩的储集条件至关重要；来自西南方向的物源，沉积区形成矿物成熟度较高、而结构成熟度低（石英含量 60%～67%，长石含量 33%～40%，岩屑含量小于 15%）的长石质岩屑石英砂岩。另外，在西北方向还存在一次要物源，在马家滩、红井子地区形成岩屑质长石砂岩和混合砂岩。

2. 孔隙结构

（1）储层以细小孔、微细喉道为主，上部油层（长 2 油层和长 3 油层）比下部油层（长 6 油层和长 8 油层）好。上部油层以粒间孔、晶间孔和粒内孔为主，属中喉—细喉、中孔—小孔；下部油层孔隙与喉道均偏细，属微细喉细孔。

（2）孔喉均匀程度差，喉道分选与渗透率呈反比。延长组油层孔隙和喉道均匀程度均很差。喉道分选系数是描述储层喉道均一程度的数字型特征向量，就一般规律而言，喉道分选值越高，喉道分选越差，储层物性也越差。然而鄂尔多斯盆地延长组低渗透砂岩储层和其他地区砂岩储层规律相反，这是因为延长组低渗透砂岩储层含有较多的陆源黏土杂基，形成了微小孔微细喉型孔喉组合，对储层物性贡献小，而成岩过程中的溶蚀孔隙改善了储层的渗透性能，形成分选差、渗透性反而高的特殊的地质规律。

（3）喉道分布属正偏态粗歪度、孔隙分布属负偏态细歪度。喉道主峰值偏向粗组分一侧，孔隙主峰值偏向细组分一侧。随着储层类别的变低，渗透率随之降低，喉道主峰值向细喉道方向移动，而孔隙主峰值基本不变，表明储层渗透率贡献主要由相对粗喉道提供。

（4）储层粒度均值与喉道均值呈正相关。据60口井297个薄片粒度和相应的压汞资料表明，储层粒度均值与喉道均值呈正相关，即储层岩石粒度越粗，喉道越粗，渗透性变好；岩石粒度越细，渗透性变差。因此，随着岩石颗粒由盆地边缘向盆地中心变细，储层孔隙结构变差。

第二章　低渗透油藏开发特征

长庆油田在开发鄂尔多斯盆地中生界低渗透油藏的长期实践中，逐步认识到中生界低渗透油藏具有"单井产量低，地层压力低、自然能量不足，'非达西渗流'特征明显，驱替压力梯度大，储层压力敏感性强，油层吸水能力较好，裂缝对注水开发有一定的影响，见水后采液指数、采油指数下降，稳产难度大"等一系列特征。

第一节　侏罗系砂岩油藏开发特征

一、油层渗透率低，要依靠压裂投产提高单井产量

延安组油层渗透率低、非均质性强，油井主要依靠压裂提高单井产量后才能投入开发。初期，从1966年在李庄子油田李探15井进行压裂后获日产21m³工业油流开始，到20世纪70年代在盆地南部进行大规模油气勘探开发中，对132口油井压裂前后日产油量资料进行分析，从分井压裂前求初产资料来看，其中有初产的油井单井平均日产油量6t，有49口井求初产为干井不出油，压裂后日产油量达19t，但投产后油井产量递减较快。实践证明，低渗透油层要经过压裂增产措施才能投入开发。同时由于低渗透油层靠天然能量开发，油层压力下降快，油井产量递减快，一次采收率低。从延安组油层开发初期油井进行压裂投产并利用天然能量进行开采试验，平均单井日产油量由26.1t下降为10.3t，采出程度0.7%，总压降达3.4MPa，充分说明靠天然能量开发一次采收率低。

二、提高油田采收率和持续稳产的关键是进行注水开发

马岭油田注水开发后4年，生产井见效率达到77%，地层压力由原始压力的62.7%回升到82.2%，由49口井统计资料可知，平均日产油量提高了0.74倍，其中中一区8km²试验区12口油井注水见效后，日增产油量89.6%，采油指数由3.5t/（d·MPa）提高到6.5t/（d·MPa）。为了充分发挥注水作用，对见效不明显或尚未见效油井进行压裂引效或压裂扩大效果，保证了注水初期的高产稳产。

随着注水后含水的逐渐上升，要保持稳产就应保持一定的能量开采，地层压力保持水平达到80%以上，然后适当提高油井排液量。

三、水驱油机理研究与注水开发中油藏地质变化特点

1. 水驱油机理研究

微观模型常规水驱油实验表明，润湿性不同，水驱时油水运动形成的残余油明显不同。在亲水模型中，残余油的主要形式是不规则的珠状、索状和簇状，绝大部分被水分割成孤立状态滞留在孔隙中。在亲油模型中残余油的形态有三种：（1）被小喉道所包围的大孔隙中的大片油块；（2）残留在小孔隙和一端封闭的死孔隙中的原油；（3）以油膜、油珠状态吸附在孔壁上的原油。提高注入压力，残余水、残余油的分布状况可能发生变化，并继续流动，但靠提高压力来提高水驱效果很不理想，当注入压力提高一倍时，只有少量的残余油被驱动，因此在现场油层条件下是难以实现的。

侏罗系低渗透砂岩油藏存在捕集现象，原始含油饱和度的倒数与渗吸后留下的残余油饱和度的倒数之差，定义为捕集常数，捕集常数的倒数则定义为捕集能力。捕集能力值越大，则捕集能力越强。低渗透层往往孔隙小，含水饱和度高，虽然可以产生较强的毛细管压力，但同时捕集油的能力也增强，因此水驱后仍留有大量残余油。且随原始含水饱和度的增大，捕集能力增大，残余油饱和度增大，采收率降低。随着渗透率的增大，原始含水饱和度降低，捕集能力也变小。

2. 注水开发过程中油藏地质的变化特点

根据室内实验和检查井及水淹区调整井油层取心实验分析，经长期水驱后，油藏地质特点发生了明显的变化。

（1）亲水性进一步增强。水淹区样品润湿性实验结果与油田开发初期实验样品相比，吸油量减少，吸水量增加。如渗透率大于100mD的油层，平均吸油量由4.3%下降到1.6%，吸水量由3.3%上升到8.5%，亲水性明显增强。

（2）油层孔隙结构变差。检查井大直径取心岩心与邻井水驱前岩心室内分析对比，水驱后油层进汞率由92.0%下降到81.0%，退汞率由34.8%下降到28.2%，无水期驱油效率由42.1%下降到33.8%，最终驱油效率由71.2%下降到49.5%。

（3）黏土膨胀与破碎颗粒迁移，油层部分喉道堵塞。室内水敏实验证实，在注水开发过程中，随着油层含水增高，含盐度下降，不仅发生黏土膨胀，而且发生黏土破碎颗粒迁移，造成油层部分喉道堵塞。黏土膨胀表现为渗透率随盐度下降而逐步下降。

（4）当注地层水时，延8段、延9段的渗透率可以完全恢复。但延10段则不同，当矿化度降到40000mg/L以下时，渗透率突然下降，当流动方向相反时（重注地层水），渗透率虽有所提高，但已恢复不到原来水平，说明岩样中发生颗粒分散运移，堵塞喉道。

（5）水淹层电镜扫描观察，由于长期注水，发现部分黏土矿物发生水解、分裂（伊利石也可以裂解），从而形成0.5～8μm大小不等、形态各异的不规则碎片（破碎前一般为10～15μm），其中一些碎片沿注水方向发生迁移，在喉道、狭窄的小孔隙部位发生填实。

室内水驱油实验，水驱前测试油层平均空气渗透率为 113mD，水驱后测试平均渗透率为 92.2mD，下降了 18.4%。

油田开发动态反映，油层的自然吸水能力下降幅度随油层黏土矿物含量增高而增大，进一步证实黏土膨胀、颗粒迁移的存在。

（6）油层内形成新生垢矿物导致油层物性下降。从"七五"后期开始，通过对油田注水开发过程中出现的地面集输系统、油井井筒内结垢影响油田正常生产的实际情况，预计地下油层内部可能产生垢矿物的分析，以马岭等油田为对象，进行地层结垢机理研究，在系统研究查清油田分区分层油田水性组分、地面、井筒结垢情况下，在马岭油田内通过 15 口注水开发前钻的老井，重新分析鉴定油层岩心，证实地层内不含锶重晶石矿物；同时通过 8 口地层结垢检查井取心鉴定，在 6 口井岩心中发现有新生垢矿物，其类型以难溶的硫酸盐矿物重晶石、石膏为主。结垢主要集中在高渗透强水洗的油层部位，含量达 0.01%～10.19%，通常在 0.44% 左右，它附着孔壁、喉道生长，或与黏土团伴生。垢矿物单晶 0.5～3.0μm，集团块为 5～50μm。

第二节　三叠系砂岩油藏开发特征

一、油层基本无自然产能，经压裂改造可较大幅度提高单井产量

安塞油田采用油基钻井液、泡沫负压钻井试验时进行中途测试，油层的初产仅 0.3～0.5t/d。由于油层的低渗透性，油井须经压裂改造方可获得工业油流。

经过压裂优化，单井产量可大幅度提高。20 世纪 70 年代初期，加砂规模较小，一般为 5～6m³/ 井，压裂后试油，单井产量 7～8t/d。经过多年的工艺技术攻关，目前三叠系油藏压裂后试油，单井产量可达到 15～20t/d。

二、利用自然能量开采递减大、采收率低，早期注水开发可提高采收率

由于油藏以岩性控制为主，仅局部有边水，但不活跃，所以缺乏天然能量补给。采用自然能量开发，以弹性溶解气驱为主，油层供液能力不足，脱气严重，油井产能低且递减大。如安塞油田塞 6 井区地层压力由 9.1MPa 降至 6.3MPa 时，采出程度仅 0.71%，采出 1% 的地质储量地层压力下降 3.94MPa。安塞油田先导性开发试验区未注水的 22 口采油井，1989 年 3 月投产，至 1989 年年底，井日产油量由 3.2t 降为 2.58t，年递减达 25.8%，至 1990 年年底，井日产油量降为 1.75t，年递减 32.2%；工业化开发试验区 55 口采油井，投产仅一年，单井日产油量由 4.23t 降为 2.85t，年递减达 32.6%。

经计算，安塞油田、靖安油田长 6 油层弹性采收率仅为 0.87%～2.1%，溶解气驱采收率 8.3%～12.8%，一般为 11% 左右，其经济采收率仅 8% 左右。

通过不断研究注水开发技术，制订合理的开发技术政策，采用超前注水、周期注水、

沿裂缝强化注水等技术，使三叠系采收率平均达到了 20% 以上。

王窑区中西部 1988—1990 年产建区是安塞油田注水开发最早的井区，通过合理注水开发，不断进行平面、纵向调整，使得水驱较均匀，注水波及范围广，注水开发效果较好，目前采出程度 17.03%，含水率 53.2%。水驱特征曲线法预测该井区最终采收率在 30% 左右。

三、利用油层天然微裂缝走向与井网合理匹配，可提高开发效果

三叠系油层中天然微裂缝较发育，应用古地磁法测试安塞地区古水流方向为北东—南西向，即砂体轴向（北东—南西向）物性较好，渗流阻力小。油层经压裂改造、注水开发后，局部井区注水压力超过裂缝开启压力后，易沿砂体轴向形成裂缝水窜，造成平面矛盾及纵向上注采剖面的不均衡。

在这类油层井区，注水井吸水指示曲线一般出现拐点，吸水指数剧增（图 2-1）；或吸水指示曲线为一平缓的直线，吸水指数很大，个别井吸水剖面上反映出尖峰状吸水。同时，一方面，裂缝线上的采油井表现为见效快、见水快，水线推进速度 0.43～4.35m/d，个别井 2 个月就暴性水淹，而裂缝不发育的层段，水驱动用程度差；另一方面，裂缝侧向的油井则见效缓慢，甚至长期不见效，加剧了注水开发的平面矛盾。

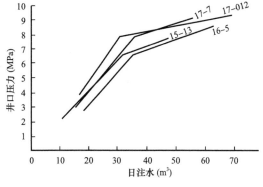

图 2-1 安塞油田吸水指示曲线

针对长庆油田特低渗透油藏物性差、产能低、储层具有裂缝、吸水能力较强等地质特征，如何充分利用微裂缝增加油层渗流通道，扬长避短，提高单井产量及最终采收率是井网部署的关键。

1. 采用反九点布井方法

通过对五点法、反七点、早期反九点后转线状注水三种井网方式的数值模拟研究，早期采用反九点面积注水井网，井排与裂缝方向夹角 45°，既达到了油田采油井比例高、采油速度高，也由于裂缝线上的注采井井距较大，延缓了见水周期。后期随着裂缝线上油井见水后转注，逐渐变为线状注水，这样，因注水井与采油井排距离较小，便于裂缝线两侧井见效，同时也达到了线状注水提高采收率的目的。

靖安油田五里湾一区采用反九点井网，到 2001 年年底，年产油达到了 72.16×10^4t，平均单井产量达到了 4.8t/d，综合含水率 8.14%，水驱指数 1.3977，压力保持水平达到 100%，水驱储量动用程度已达到了 82.3%，见效井单井产量 5.7t/d，含水率 4.9%。

2. 采用矩形井网布井方法

该井网是在考虑裂缝的情况下，拉大井距，缩小排距，采用注水井沿裂缝线布井的

格局。根据数值模拟研究，矩形井网具有较高的单井产量（图 2-2）。在相同的时间下，矩形井网的采出程度明显高于反九点井网（图 2-3）。第 20 年矩形井网采出程度比反九点井网高出 7%。由于矩形井网沿裂缝注水，在相同时间下，其油井含水率也明显低于反九点井网（图 2-4）。

　　该井网在靖安油田五里湾一区 ZJ60 井区开展了现场试验。试验区于 1998 年 10 月开始投入注水开发，见效周期 2～5.5 个月，平均 4.5 个月。现场试验结束后，区块内油井见效程度 96%，油井单井产量由见效前的 4.6t/d 提高到见效后的 6.6t/d。见效井具有明显的方向性：一为 NE36°，另一为 NWW285°，见效方向与天然裂缝走向 NE41.5° 和 NW318.5° 接近。见效井含水稳定，显示出较好的开发前景。

　　由以上可以看出，特低渗透油藏的井网布置与裂缝方向密切相关，合理的井网布局不但可以提高单井产量，也可以提高最终采收率。

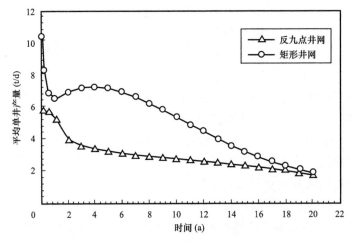

图 2-2　两种井网平均单井产量随时间变化曲线

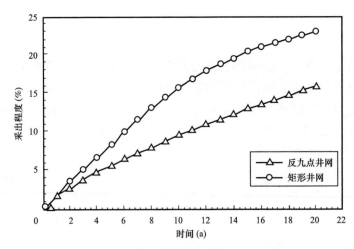

图 2-3　两种井网采出程度随时间变化曲线

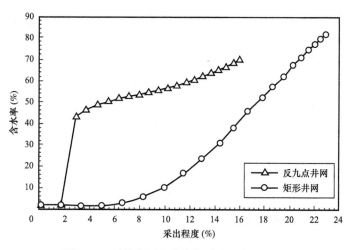

图 2-4　两种井网含水率与采出程度对比图

四、油层启动压差及驱替压力梯度大

根据研究成果，低渗透油藏一般呈非达西渗流特征，即存在启动压差。靖安油田、安塞油田长 6 油层室内实验、矿场测试资料均表明，此类储层在驱动压差较低时，液体不能流动，只有当驱动压差达到一定的临界值（即启动压差）后，液体才开始流动。根据注水井吸水指示曲线计算，安塞油田长 6 油层启动压差为 1~10MPa，一般为 6MPa 左右。

由于油层孔喉细微，物性差，渗流阻力大，即压力损耗大，驱替压力梯度大。根据现场生产动态及测压资料计算，即使天然微裂缝不发育的井区，驱替压力梯度也较大（靖安油田为 1.42MPa/100m；安塞油田为 1.74MPa/100m）。对于储层物性更差、天然微裂缝发育的井区，驱替压力梯度可达 2.2MPa/100m（坪桥区）至 2.7MPa/100m（王窑区东部），而且驱替压力梯度分布不均衡，距裂缝线越近，压力损耗越大，如坪桥区 1999 年完钻的检查井坪检 1 井，测静压为 9.97MPa，而距其 80m 的裂缝线上的油井静压为 19.77MPa，驱替压力梯度达 12.25MPa/100m。

五、油井见水后采液指数、采油指数下降

由于特低渗透油层中性—弱亲水的润湿性，加之水驱过程中局部地区出现水敏、水锁、速敏等问题，以及注水滞后、地层压力下降，使油层产生渗透率下降的不可逆转性，因而油水相对渗透率曲线呈现出随含水饱和度增加，油相相对渗透率急剧下降，水相相对渗透率缓慢上升，水相相对渗透率最大不到 0.6，最终导致了随含水率上升，采液指数、采油指数下降（图 2-5）。根据矿场实际资料统计，开发时间较长的安塞油田王窑区，综合含水率由 29.0% 上升为 38.3%，采液指数由 0.88m³/（d·MPa）降为 0.49m³/（d·MPa），采油指数由 0.69t/（d·MPa）下降为 0.28t/（d·MPa）。

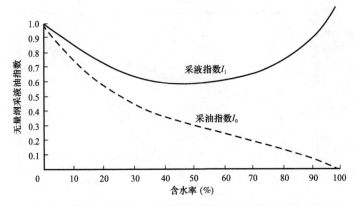

图 2-5　安塞油田无量纲采液指数、采油指数与含水率关系曲线

第三章　低渗透油藏注水工艺方案设计

油田开发是一项庞大而复杂的系统工程。在油田投入正式开发之前，必须编制油田开发总体建设方案，作为油田开发工作的指导性文件，注水工艺方案设计是总体方案的重要组成部分和方案实施的核心，包括注水井投注工艺、注水工艺参数设计和注水管理要求等。

第一节　注水井投注工艺技术

低渗透油藏注水井主要采用套管完井。为了实现井筒与储层的有效连通，满足注水要求，有效补充地层能量、驱油等作用，在投注前需对注水井进行储层改造，低渗透油藏注水井投注常用的方式有射孔、高能气体压裂、酸化等[1]。

一、射孔

1. 定义

射孔是注水井连通井筒与储层的主要方式，也是后续其他投注工艺的前期环节。它是利用机械、化学或者其他能量打开套管、水泥环和地层的井下作业方式。目前最常用的是将射孔枪下至预定深度，采用火药燃烧实现井筒与储层的沟通，其工艺示意图如图 3-1 所示[2]。

射孔弹　　枪管　　套管　　水泥环　　地层

图 3-1　注水井射孔工艺示意图

2. 射孔技术要求

（1）射孔层位要准确。

（2）单层发射率在 90% 以上，不震裂套管及封隔的水泥环。

（3）合理选择射孔器。

（4）要根据储层特征、注水要求等，选择最合适的射孔工艺。

（5）根据储层敏感性、地层压力等情况，选择合理的射孔液（压井液）、射孔密度，避免对地层造成伤害。

（6）以建立有效驱替系统为原则，整体研究注采井的射孔方案，油水井各小层对应射孔。

（7）从减少单向突进，改善水驱效率出发，充分考虑油水井对应射孔，并建立有效的压力驱替系统，优化射开程度。

（8）为保障吸水均匀，根据储层物性差异，考虑变孔密射孔。

（9）为保障分注效果，分注井射孔段之间要留有足够距离，并满足分注井投注及后期注水工艺作业等要求。

3. 分类及主要特点

1）按照射孔工艺可分为正压射孔和负压射孔

正压射孔指用高密度射孔液使液柱压力高于地层压力的射孔；负压射孔是将井筒液面降低到一定深度，形成低于地层压力建立适当负压的射孔[3]。正压射孔主要用于地层压力系数大的储层，有利于井控风险控制；负压射孔既可消除射孔液侵入地层，又可把射孔孔道内的碎屑和孔道周围的压实层清除干净，在井筒周围建立清洁畅通的流动通道。

2）按照射孔的传输方式主要分为电缆传输射孔和油管传输射孔

电缆传输射孔是利用电缆将射孔枪输送到目的层射孔的方式，具有作业简便快捷，一次作业可进行多层射孔，定位快捷、准确等特征。其不足为：（1）通常为正压射孔，对射孔前的射孔液要求高，易对地层造成污染，常出现注不进或注水压力高等现象；（2）对地层压力掌握不准时，射孔后容易发生井喷；（3）受电缆输送能力或者防喷管长度的限制，一次下枪的长度有限。其工艺示意图如图3-2所示。

油管传输是利用油管将射孔枪输送到目的层射孔的方式，具有负压射孔，减少地层污染，不受射孔井段长度限制，可一次完成数百米井段射孔等优点；同时易与其他工艺进行联合作业，但对下井器材的使用要求高，且存在施工效率低、作业强度大、射孔位置定位不准等不足。其工艺示意图如图3-3所示。

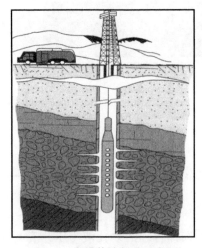 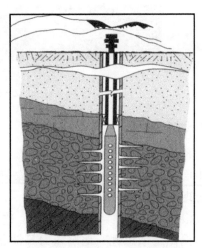

图3-2　电缆传输射孔示意图　　　图3-3　油管传输射孔示意图

对于地层压力等参数明确的成熟开发区，常采用定位准、效率高、操作快捷的电缆传输射孔。对于特征储层或目的层参数不明确或有特殊要求或与其他工艺联合作业等也可采用油管传输射孔。

3）按照射孔枪枪架结构分为有枪身射孔和无枪身射孔

射孔工艺最为核心的工具是射孔器，射孔器根据有无枪身分为有枪身射孔器（图3-4）、无枪身射孔器（图3-5），以有枪身射孔器使用较为频繁。

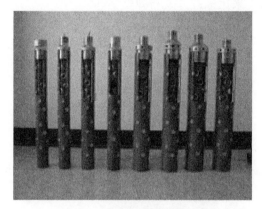 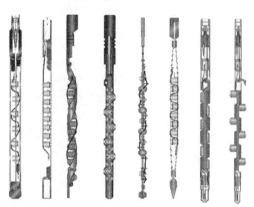

图3-4　有枪身射孔器实物图　　　　　图3-5　无枪身射孔器实物图

4. 主要工艺参数

射孔效果主要受射孔器的相关参数影响，其主要参数为穿深、孔径、孔密、相位、方位、布孔方式等。其中穿深和孔径直接由射孔弹的结构类型和所装药量决定，是评价射孔弹性能的基础指标。而孔密、相位、方位、布孔方式则是衡量射孔器性能的综合指标。

穿深是整个射孔过程中的前提指标。射孔是靠燃烧射流挤压成孔，孔道周围存在着射孔压实带（图3-6），使地层渗透率下降，而靠近孔眼端部的压实最小，随着流体对孔眼的冲洗作用，压实带的渗透率逐步改善，因此穿深越深，与原始地层沟通越好，对于注水的建立越有利。目前常规射孔、复合射孔，穿深可达860mm，而超深穿透射孔穿深可以达到1300mm。

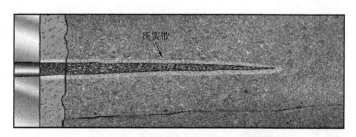

图3-6　射孔产生的压实带示意图

孔径、孔密是影响单位注水面积的重要参数，同时影响完井套管质量。通常孔径越大、孔密越高，单位面积上注水面积越大，但套管强度急剧下降；当孔径过小、孔密过低，则给注水带来困难。同时当射孔弹药量及性能一样时，增加孔径、孔密将大幅损失穿深，如打靶实验证明，孔径增加 10% 约牺牲 20% 的穿深。目前常用的孔径为 8~12mm，孔密为 16 孔 /m 或 32 孔 /m。射孔过程中，对于非均质性强的储层，在满足穿深要求的条件下，将会设计不同孔径、孔密。

相位、方位和布孔方式是决定射孔器综合性能的重要参数。相位指相邻两发射孔弹之间的夹角，常用相位角为 90° 或 60°，如图 3-7 所示；方位指井筒俯视面上孔眼个数；布孔方式指单位面积内射孔弹的排布方式，通常采用螺旋方式布弹。

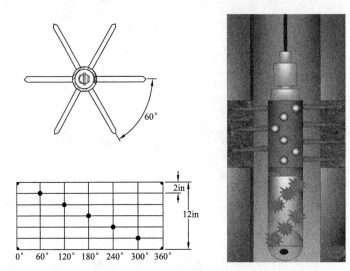

图 3-7　60°相位角布孔展布图

同时，射孔还受生产套管内径的影响，油层套管下入井中固井后，其内径尺寸决定了所能使用射孔器的最大尺寸，从而间接地影响了射孔的性能指标。射孔是由射孔弹产生的聚能射流对枪身、套管、水泥环冲击挤压形成孔道，合理的炸高对射孔弹射流的形成具有重要作用。大直径的射孔枪有利于大能量射孔弹的排布，充分发挥射孔弹的性能，达到最佳的射孔效果，如图 3-8 所示。枪套间隙指射孔枪外壁与套管内壁之间的间隔距离。若间隙过大，容易影响射孔效果，而间隙过小，则易造成卡枪等事故，合理的间隙至关重要。研究表明，间隙与枪外径的比值大于 30% 时，将明显影响射孔弹的穿深。射孔枪下井时不是居中的，大直径的射孔枪使枪身与套管之间各方位环空的间隙差减小，有利于孔深孔径均匀一致。以 $5\frac{1}{2}$in 套管为例，目前常用的射孔枪为 102 枪（73 枪、89 枪对射孔穿深影响较大）。

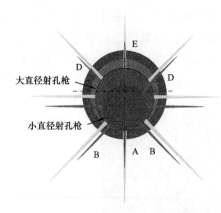

图 3-8　不同直径射孔枪射孔效果
示意图

二、高能气体压裂

1. 定义

通常是在射孔一段时间后进行，利用火药燃烧产生的高温高压气体，以脉冲加载的方式，迅速向周围岩石空隙中扩散，致使地层形成裂缝，裂缝为多方位的辐射状，缝长可达 2～10m，并与天然裂缝相沟通，形成裂缝网络，从而有效地改善油气层的渗透性和导流能力，大幅降低注水阻力[4]。该工艺采用油管布弹（管串结构如图 3-9 所示）、水柱压档、撞击引爆施工，不需要大型成套设备，只需常规修井队即可完成全部作业，因此广泛用于注水井的投注、增注作业[5]，压裂效果如图 3-10 所示。

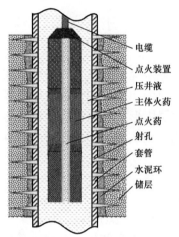

电缆
点火装置
压井液
主体火药
点火药
射孔
套管
水泥环
储层

图 3-9　高能气体压裂管串结构示意图　　　图 3-10　高能气体压裂效果示意图

2. 技术原理

通过燃烧产生的高能气体，将形成冲击波、超声波、强声场等，从而产生了多条径向裂缝，可突破井周污染带，改善近井地带流体的流动能力，降低注水压力。同时燃烧过程中最高温度可达 2500℃，储层温度可上升 20～50℃，使近井地带原油降黏、除垢、清蜡防蜡，抑制地层细菌的生长和聚集，有利于长期注水。而燃烧的产物（CO_2、HCl、H_2S）遇水形成酸液，也可消除钻井液侵入带来的伤害等。

3. 技术特点

（1）起裂压力高，形成不受地应力控制的多条径向垂直裂缝。
（2）能量的释放过程可以实现控制，且不会导致套管破坏。
（3）对地层与环境无污染，有利于储层保护。
（4）施工周期短，设备及施工简便，且不受地形与水源的限制。
（5）可适应各种敏感性地层，如水敏、酸敏性地层等。
（6）适应性强，可适用于岩石致密、地应力高、地温高等异常复杂地层。
（7）综合成本低，有利于现场推广应用。

4. 操作流程

（1）完成通井、洗井、试压等施工前的井筒准备工作。

（2）安装井控器材、作业设备等。

（3）井筒注入相应的压井液等（根据区块特征的不同，优化液体类型、密度、液柱高度等参数），采用电缆或油管下入带有能产生高能气体的火药等设备至目的层位进行引爆作业。

（4）排液、清理井筒，取出高能气体压裂管柱。

（5）按照注水要求下入符合要求的投注管串进行投注。

三、酸化

1. 定义

注水井采用酸化投注或增注，主要是为了能有效地解除钻井液和完井液对地层的损害等，是利用酸液的化学溶蚀作用，以及向地层挤酸时的水力作用，溶蚀地层堵塞物和部分地层矿物，扩大、延伸、沟通地层缝洞，或在地层中形成具有较高导流能力的人工裂缝，以恢复和提高地层渗透性，提高注水井注入能力，从而达到水井增注的目的而对地层所采取的各种酸处理措施[6]。

2. 分类

根据钻井过程中所用钻井液的不同及目的层储层岩矿成分的不同，形成了不同的酸液体系，主要包括：低浓度盐酸酸化、高浓度盐酸酸化、土酸酸化、互溶土酸酸化、氟硼酸酸化、逆土酸酸化、油酸乳化液酸化、缓速酸化、磁处理酸化、低伤害酸酸化、热酸酸化、防膨酸酸化、集成酸酸化、胶凝酸闭合酸化、混气胶凝酸闭合酸化、硝酸粉末酸化。对于低渗透油藏最为常用的是土酸体系或由土酸改进的缓速酸等。

3. 工艺参数及特点

为了避免后期注水过程中注水锥进等问题，要求该工艺是在低于岩石破裂压力下将酸液挤入地层。酸化工艺的重点是优化酸液配方、注酸工艺、注酸量等，其作业用酸量更大，一般为 $20 \sim 50m^3$，酸液浓度 15%～28%，但施工的泵注排量和泵送压力不高，不会形成裂缝，故又被称为基质酸化。

4. 操作流程

1）酸化准备工作

（1）酸化施工前必须探人工井底，并按设计要求冲砂或填砂。

（2）洗井管柱下至酸化层以下 1～2m，清水正洗井 1.5～2 周，洗井排量不少于 $30m^3/h$。注水井酸化前用 2～5m^3 质量分数 5%～8% 的稀盐酸酸洗井壁及井下管柱，并洗井至水质合格，即出口水含杂质小于 2.0mg/L，含铁小于 0.5mg/L。

（3）下入符合酸化目的的施工管柱，酸化管柱下至酸化层顶部或中、上部。

（4）安装酸化专用井口，其最大施工压力应为预计最高施工压力的1.2～1.5倍。

（5）连接好防喷、放喷等井控设备及设施等。

2）酸化施工作业

（1）走泵：清水走泵的目的，在于观察泵车的上水情况。若不上水或上水不正常，应立即整改，合格后方可进行下一步工序。

（2）试压：开泵用清水对管线和井口试压。试压压力应比预计（计算）最高施工压力高5～10MPa。现场应按设计要求压力试压，不刺不漏为合格。

（3）替酸：替酸或替预处理液，目的是将油管中的液体替出，以减少进入地层的液量。替酸排量不宜过大，封隔器并不得胀开。替酸量按油管容积计算，切忌过量。对于井筒不满的井，替酸（或预处理液）前应用清水灌满。

（4）挤酸：替酸完成后，关套管阀门，在不超过地层破裂压力和套管允许压力（即封隔器允许压差）下，按设计要求的排量和注酸顺序，将酸液和其他工作液挤入地层。施工泵压接近上述限压值时，应降低施工排量挤酸。

（5）顶替：为将油管中的酸液或其他工作液挤入地层，在挤酸完成后，应立即挤入设计数量的后冲洗液或顶替液。施工限压同上。

进行"替酸、挤酸、顶替"工序时，如设计方案要求混氮、投球等，应按设计要求顺序同时进行。

（6）关井反应：挤完顶替液后，按施工设计要求关井时间关井，同时做好酸液返排的准备工作。

（7）排酸。

① 视关井压力或放喷情况装油嘴放喷，控制含砂率小于1%，关井压力较小的井，可用油管控制放喷。

② 非自喷井，停喷后应立即采取抽汲、气举、混排等措施迅速排液。

③ 排出液量不得少于挤入地层液量的1.5倍，或排出残酸质量分数小于2%为排液合格。

第二节　注水工艺参数设计

一、注水时机、压力及注入量

1.注水时机

低渗透油藏具有物性差、岩石致密、渗流阻力大、压力传导能力差等特点，地层天然能量不足，仅依靠天然能量开发，油井投产后，地层压力下降快，产量递减迅速，一次采收率较低。为提高开发效果，低渗透油藏采用超前注水开发方式。超前注水指注水井在生产井投产前投注，经过一段时间注水，使地层压力保持在高于原始地层压力，使生产井在投产时其泄油面积内含油饱和度不低于原始含油饱和度，地层压力高于原始地层压力，并建立起有效驱替系统的一种注水方式。实施超前注水，一般水驱采收率在20%~25%之间[7]。

超前注水时间采用压力传播速度法进行计算，如下。

$$t = \frac{1}{24}\left(69.44\frac{\phi C_t \mu_w}{K K_{rw}}d^2 + 25.128\frac{\phi C_t \lambda}{Q_i/h}d^3\right) \tag{3-1}$$

式中　t——时间，d；

　　　ϕ——有效孔隙度，%；

　　　μ_w——水的黏度，mPa·s；

　　　d——压力波影响半径，m；

　　　K——渗透率，mD；

　　　K_{rw}——残余油时水相相对渗透率；

　　　C_t——总有效压缩系数，MPa^{-1}；

　　　λ——真实启动压力梯度；

　　　Q_i/h——注水强度，m³/（d·m）。

2. 注水压力

低渗透油藏注水井基本采用复合射孔、水力压裂等改造。根据水力压裂造缝机理，对于压裂形成垂直缝的情况，破裂压力可用式（3-2）计算：

$$p_f = \Delta p_f H \tag{3-2}$$

式中　p_f——油层破裂压力，MPa；

　　　Δp_f——破裂压力梯度，MPa/10m，一般取0.16~0.23MPa/10m；

　　　H——油层中部深度，m。

注水井最大流动压力主要受地层破裂压力的限制。依据特低渗透储层注水井最大流压不超过破裂压力的90%、中—高渗透储层注水井最大流压不超过破裂压力的95%的原则，根据油层破裂压力取值和油层中部深度等参数，可计算确定油藏的注水井井口最大注水压力。此井口注水压力为设计的最大压力，在开发过程中要定期测吸水指示曲线，根据每口井生产动态选择并调整合理的注水压力。

3. 注入量

超前注水时，按照圆形封闭地层以注水井为中心，考虑启动压力梯度，在达到拟稳态的情况下，根据地层压缩系数的定义，可得累计注水量与地层压力有如下关系：

$$\Delta V = C_t V \Delta p \tag{3-3}$$

其中，

$$C_{t} = C_{o} + \frac{C_{w}S_{wi} + C_{f}}{1 - S_{wi}} \qquad (3-4)$$

$$C_{w}=1.4504 \times 10^{-4}\left[A+B(1.8T+32)+C(1.8T+32)^{2}\right](1.0+4.9974 \times 10^{-2}R_{sw})$$
$$(3-5)$$

$$A=3.8546-1.9435 \times 10^{-2}p \qquad (3-6)$$

$$B=-1.052 \times 10^{-2}+6.9183 \times 10^{-5}p \qquad (3-7)$$

$$C=3.9267 \times 10^{-5}-1.2763 \times 10^{-7}p \qquad (3-8)$$

$$C_{f} = \frac{2.587 \times 10^{-4}}{\phi^{0.4358}} \qquad (3-9)$$

式中 ΔV——累计注水量，m^{3}；

C_{t}——地层压缩系数，MPa^{-1}；

V——注入孔隙体积，m^{3}；

Δp——压力差，MPa。

C_{o}——地层原油压缩系数，MPa^{-1}；

C_{w}——地层水压缩系数，MPa^{-1}；

C_{f}——地层岩石压缩系数，MPa^{-1}；

T——地层温度，℃；

S_{wi}——束缚水饱和度，%；

ϕ——孔隙度，%；

R_{sw}——地层水中天然气的溶解度，m^{3}/m^{3}；

p——地层压力，MPa。

由式（3-3）可计算出油藏注水井超前注水期单井累计注水量。

按照温和注水要求，合理注水强度低于最大注水强度，根据有效厚度计算单井日注水量，达到超前注水天数后油井方可投产。采油井投产后，根据注采平衡原理，投产期注水井的日配注量计算公式为：

$$Q_{w} = \frac{1000MN_{o}Q_{o}}{N_{w}\rho_{o}}\left(\frac{B_{o}}{B_{w}}+\frac{S_{w}}{1-S_{w}}\right) \qquad (3-10)$$

式中 N_{o}——采油井数，口；

N_{w}——注水井数，口；

Q_{o}——采油井日采油量，t；

Q_{w}——注水井日配注量，m^{3}；

B_{o}——原油的体积系数；

B_{w}——水的体积系数；

ρ_{o}——地面原油的密度，kg/m^{3}；

ρ_w——水的密度，kg/m^3；

S_w——采油井的初期含水率，%；

M——注采比。

根据长庆油田开发经验，三叠系特低渗透油藏的注采比为 1.2～1.3，可以保证有足够的生产能力及合理的开采速度。

二、注水方式

低渗透油藏主要注水方式分合注和分注两种。

（1）合注：对于开发层系比较单一、隔夹层小于 0.5m 的区块，采用合注。

（2）分注：在注清水分注井应用波码通信数字式分层注水工艺；在注采出水的两层分注井应用同心双管分注工艺；在三层及以上注采出水分注井应用桥式同心分注工艺。

为满足分注要求，在地面设计中增加稳压装置，保证注水压力稳定。同心双管分注工艺配套两井式地面稳流阀组，波码通信数字式分层注水工艺配套专用地面控制系统，如图 3-11 所示。

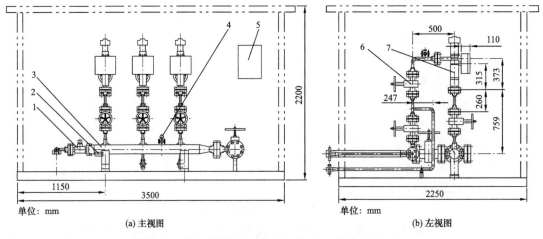

|(a) 主视图|(b) 左视图|

图 3-11　波码通信数字式分注工艺地面控制系统示意图
1—泄压阀；2—电热板；3—分水器；4—压力变送器；5—协议箱；6—闸阀；7—地面控制器

三、注水井口

根据注水井井底流压小于地层破裂压力 90% 的原则计算，依据 GB/T 22513—2013《钻井和采油设备　井口装置和采油树》标准要求，低渗透油藏注水井采用 KZ65-25 型井口，采出水回注井采用防腐井口。相关要求严格执行《长庆油田简易采油、注水井口装置技术要求》。要求井口具有图示功能（图 3-12），考虑测试调配需要，各闸口开启的最小通径不小于 60mm。同心双管地面数字式分注井井口如图 3-13 所示。

考虑注水井均为带压生产，要求井口采用下悬挂（图 3-14），上下法兰尺寸[8]符合表 3-1，井口钢圈截面形状为方形，钢圈外径 222.1mm，中径 211.1mm，内径 200.01mm。

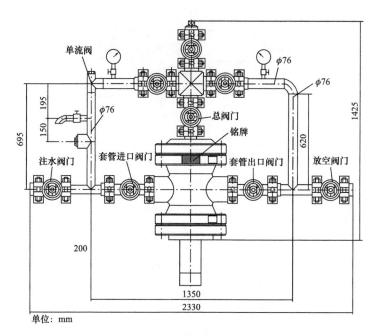

图 3-12 注水井井口示意图

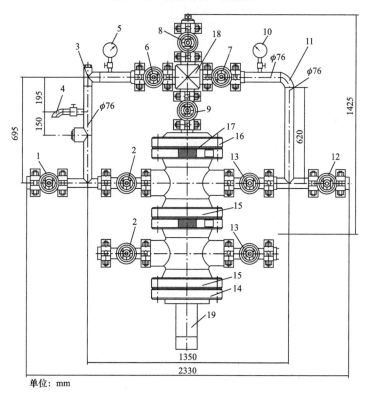

图 3-13 同心双管分注注水井井口示意图

1—注水阀门；2—套管进口阀门；3—单流阀；4—取样口；5—油管压力表；6—油管进口阀门；7—油管出口阀门；
8—测试阀门；9—总阀门；10—套管压力表；11—弯头；12—放空阀门；13—套管出口阀门；14—下法兰；
15—大四通体；16—上法兰；17—铭牌；18—小四通体；19—套管短节

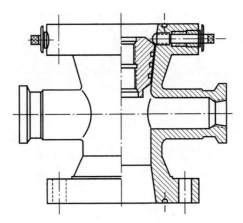

图 3-14　注水井井口下悬挂示意图

表 3-1　法兰尺寸要求表

额定工作压力（MPa）	法兰外径（mm）	钢圈槽中径（mm）	钢圈槽宽（mm）	钢圈槽深（mm）	钢圈槽斜面角度	螺孔孔径（mm）	螺纹规格	螺孔个数（个）	法兰厚度（mm）
25	380	211.15	11.91	7.9	23°±30′	33	M30×3	12	63.5

注：法兰尺寸执行 GB/T 22513—2013《石油天然气工业 钻井和采油设备 井口装置和采油树》标准。

四、注水管柱

1. 注水管柱钢级选择

根据注水井最大井深，钢制注水管柱钢级选择如下[9]。

1）合注井

2015 年以后合注井要求配套套管保护封隔器，注水管柱改变，管柱受力发生变化，通过受力分析计算，结果见表 3-2。

表 3-2　带套保封隔器合注井注水管柱强度校核

钢级	壁厚（mm）	外径（mm）	内径（mm）	质量（kg/m）	抗滑扣（kN）	抗内压（MPa）	坐封压力（MPa）	安全系数	下入深度（m）	备注
J55	5.51	73.03	62	9.52	323	50.10	18	1.3	2067	平式油管
N80	5.51	73.03	62	9.52	470	72.90	18	1.3	3208	平式油管

注：按安全系数 1.3，ϕ73.03mm 平式油管最大下深可达到 2067m。

通过强度校核，合注井注水管柱钢级选择如下：

下深不大于 2000m 时，采用 ϕ73.03mm 的 J55 钢级平式油管；

下深大于 2000m 时，采用 ϕ73.03mm 的 N80 钢级平式油管。

2）分注井

考虑井深、井斜、温度、耐压差等因素，对分注井管柱进行强度校核，结果见表3-3。

表3-3 分层注水管柱强度校核

钢级	壁厚（mm）	外径（mm）	内径（mm）	质量（kg/m）	抗滑扣（kN）	抗内压（MPa）	坐封压力（MPa）	安全系数	下入深度（m）	备注
J55	5.51	73.03	62	9.52	323	50.10	18	1.3	2067	平式油管
N80	5.51	73.03	62	9.52	470	72.90	18	1.3	3208	平式油管

注：按安全系数1.3，ϕ73.03mm平式油管最大下深可达到2067m。

通过强度校核，合注井注水管柱钢级选择如下：

下深不大于2000m时，采用ϕ73.03mm的J55钢级平式油管；

下深大于2000m时，采用ϕ73.03mm的N80钢级平式油管。

2. 注水管柱防腐要求

1）管柱防腐

注水井油管采用改性环氧酚醛喷涂热固化涂层内防腐。

回注井套管保护采用"环空坐封 + 缓蚀剂"措施，用套管保护型封隔器坐封，缓释剂性能指标须满足《长庆油田缓蚀剂技术规范（暂行）》要求（表3-4），加注周期同洗井周期。

表3-4 常规缓蚀剂性能要求（不含 H_2S）

项目		指标
外观		均匀液体
pH 值		5～9
倾点（℃）		≤-10
开口闪点（℃）		≥50
水溶性		水溶或水分散，无沉淀
乳化倾向		无乳化倾向
配伍性		不降低自身及其他药剂性能
常压	静态均匀缓蚀率（30mg/L）	缓蚀率不小于80%
	动态均匀缓蚀率（30mg/L）	缓蚀率不小于80%

2）改性环氧酚醛喷涂热固化内涂层指标要求

（1）涂层外观：干膜平整、光滑，无气泡、橘皮和流淌等可见缺陷。

（2）涂层厚度：150～300μm。

（3）漏点：无漏点。

（4）附着力：不小于 3A 级。

（5）耐磨性（落砂法）：不小于 2.0L/μm（SY/T 6717—2016《油管和套管内涂层技术条件》）。

（6）耐高温高压性能。

① 液相：NaOH 溶液。pH 值：12.5。温度：148℃。压力 70MPa。时间：16h。试验后涂层无气泡，附着力不降级。

② 液相：水、甲苯和煤油（等比例混合）。温度：107℃。压力 35MPa。时间：16h。试验后涂层无气泡，附着力不降级。

（7）耐化学介质性能：采用浸泡法，分别在三种条件下（10%HCl，常温，90d；3.5%NaCl，室温，90d；原油，80℃，90d）试验，涂层均无变化。

3. 管柱组成

井深超过 2000m 时，注水过程中管柱会发生超过 160mm 的蠕动，容易造成封隔器失效，采用非金属水力锚锚定可有效防止管柱蠕动，同时在工具串上端安装安全接头，确保管柱顺利起钻。

1）合注井

（1）合注管柱分类（图 3-15）。

① 非锚定式合注管柱，主要由 Y341-114 封隔器、预置工作筒、注水滑套、丝堵等组成。

② 锚定式合注管柱，主要由非金属水力锚、Y341-114 封隔器、预置工作筒、注水滑套、丝堵等组成。

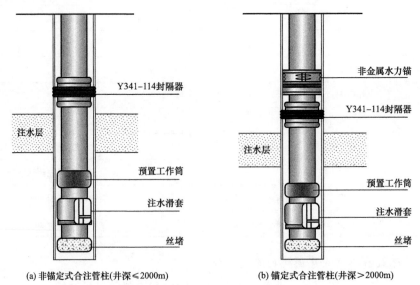

(a) 非锚定式合注管柱(井深≤2000m)　　(b) 锚定式合注管柱(井深>2000m)

图 3-15　合注井投注管柱图

（2）合注管柱选择。

根据产建区块注水井井深的不同，选择不同的合注井注水管柱。

（3）实施要求。

① 预置工作筒采用分注井预置工作筒；

② 考虑吸水剖面测试作业，预置工作筒需下至油层底界10m以下；

③ 注水滑套的承压能力必须大于封隔器坐封压力。

2）分注井

（1）分注管柱分类。

根据长庆油田分注特点及现有分注工艺技术，将分注工艺管柱分为五类（图3-16），配套工具关键指标见表3-5。

① 同心双管分注管柱，主要由同心双管配水器、大通径封隔器、插管连通器、插管、井下附件组成。

② 波码通信数字式多级分注管柱，主要由数字式配水器、Y341逐级解封封隔器、预置工作筒、安全接头、井下附件组成。

③ 两层非锚定式波码通信数字式分注管柱，主要由数字式配水器、Y341逐级解封封隔器、预置工作筒、井下附件组成。

④ 两层锚定式波码通信数字式分注管柱，主要由非金属水力锚、数字式配水器、Y341逐级解封封隔器、预置工作筒、安全接头、井下附件组成。

⑤ 桥式同心多级分注管柱，主要由桥式同心配水器、Y341逐级解封封隔器、预置工作筒、安全接头、井下附件组成。

表3-5　注水管柱配套工具的关键数据

工具名称	连接扣型	总长（mm）	最大外径（mm）	最小内径（mm）	启动压力（MPa）	坐封压力（MPa）	工作压力（MPa）	工作压差（MPa）	工作温度（℃）	偏孔内径（mm）	锚爪直径（mm）	锚爪数量（个）
非金属水力锚	2⁷⁄₈in TBG	530	114	48	0.3	—	50	—	120	—	35	21
桥式同心配水器		640	114	46	—	—	60	30		—	—	—
数字式配水器		1200	114	46	—	—	60	30		—	—	—
Y341逐级解封封隔器		1010	114	50	—	18	50	30		—	—	—
预置工作筒		440	90	40	—	—	50	—		—	—	—
注水滑套		—	90		—	—	18	—		—	—	—
同心双管配水器	3¹⁄₂in EU	460	114	62	7.5	—	60	30	120	—	—	—
大通径封隔器		1460	114	62	2.0~3.0	5	40	25	90	—	—	—
插管连通器		2930	114	62	5.0	—	40	25	120	—	—	—

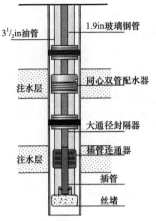

(a) 同心双管分注管柱
(层数=2层，采出水井)

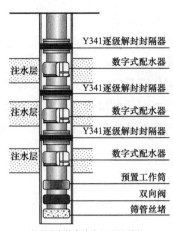

(b) 波码通信数字式多级分注管柱
(层数≥3层，清水井)

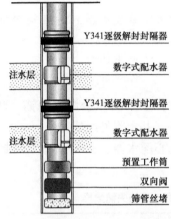

(c) 两层非锚定波码通信数字式分注管柱
(井深≤2000m，层数=2层，清水井)

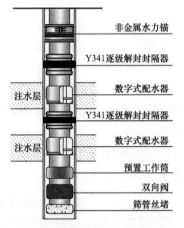

(d) 两层锚定式波码通信数字式分注管柱
(井深>2000m，层数=2层，清水井)

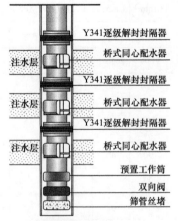

(e) 桥式同心多级分注管柱
(层数≥3层，采出水井)

图3-16 分层注水管柱示意图

（2）分注管柱选择。

根据产建区块注水井井深及分注层数的不同，选择不同的分层注水管柱。

（3）实施要求：

① 坐封距离不大于 3m 或分注层段不小于 3 层的分注井，需对封隔器位置进行磁定位或机械定位校深；

② 为了便于后期测试，分注管柱必须下至油层底界以下 10~15m；

③ 为减小后期吸水剖面测试作业中同位素沾污影响，分注工具应尽量避免正对射孔段；

④ 分注井油层顶部以上必须安装套管保护封隔器；

⑤ 分注井投注前必须进行验封作业，要求封隔器密封率 100%；

⑥ 考虑桥式同心分注后期调配作业需要，预置工作筒和下级配水器之间距离不小于 10m。

第三节　注水管理要求

为落实好"注好水、注够水、精细注水、有效注水"的注水要求，结合中国石油天然气股份有限公司勘探与生产分公司下发的《油田注水管理规定》，低渗透油藏注水井管理要求如下。

一、水源要求

注水水源主要为洛河地层水和采出水。洛河水水源量大，分布范围广，水质好，机械杂质含量小于 1mg/L，不含溶解氧或溶解氧含量低，缺点是 SO_4^{2-} 含量高，与 $CaCl_2$ 型地层水混合易结垢。采出水经处理达标后回注，一方面节约清水资源，另一方面避免外排造成环境污染。

二、水质处理及要求

清水水质处理指标执行 SY/T 5329—2012《碎屑岩油藏注水水质推荐指标》。陇东片区采出水水质处理指标执行 Q/SY CQ 08011—2019《陇东油田采出水处理水质指标及分析方法》，其余地区油田采出水水质处理指标执行《采出水回注水质指标专题讨论会纪要》（长庆油田 2018 年第 154 号）（长庆油田）。采出水全部要求用于目的层有效回注。

三、注水井管柱和井况检查

当注水量和注水压力发生突变时必须及时进行注水管柱密封检查，必要时要进行工程测井，检测套管和管外水泥环状况，发现套损、管外窜槽等情况时必须修复后方可注水。注水井管柱检查周期一般不超过 3 年。

四、注水井洗井

注采出水合注井、分注井每季度洗井一次；注清水合注井每半年洗井一次。

注水井日注水量下降超过 15% 时（注水压力不变）必须洗井；注水井停注 24h 以上、注水井作业施工后或吸水指数明显下降时必须洗井。

五、波码通信数字式分层注水投注步骤

（1）按照单井设计要求，将配水器、封隔器下入井筒，打压坐封。
（2）安装数字式分注地面控制器及配套工具。
（3）按照预设参数，井下配水器自动打开水嘴，设置地面控制器全井配注量，开始试注。
（4）注水压力稳定后，地面打码进行井下分层流量远程设定，满足分层配注量。
（5）启动智能测调功能，实现分层流量自动测调。

六、同心双管分注工艺坐封、验封要求

1. 投注时坐封、验封

1）内管打压

内管打压到 12MPa，稳压 5min，观察、判断管柱及插管密封圈的密封性；继续打压 17～20MPa，打开插管内活塞，使内管与地层连通。

2）双管环空打压

从内外管环空打压 13～15MPa，封隔器坐封，并稳压 5min，观察、验证插管密封性；继续打压至 17～20MPa，开启上层定压配水器。

2. 注水过程中验封

1）层间封隔器验封

双管环空（上层）正常注水，关闭内管来水阀门停注下层，内管放空（压降不超过 2MPa），观察环空压力变化，若环空压力随内管压力变化，说明层间封隔器失效。

2）套保封隔器验封

双管环空（上层）正常注水，套管放空，观察双管环空压力变化，若双管环空压力（上层）随套管压力变化，说明套保封隔器失效。

第四章　低渗透油田精细分层注水技术

油田注水作为目前油田开发最成熟、最经济、最有效的技术手段，能够有效补充地层压力、提高储量动用程度、提升采收率。而长庆油田是典型的低渗透油藏，并且具有低压、多层叠合的特点，天然能量不足，要实现规模效益开发难度大。精细分层注水技术是实现这类油藏有效开发和持续稳产的核心技术之一[10-12]。

第一节　桥式同心分层注水技术

长庆油田大规模开发主要采用定向井丛式井组模式，定向井占总井数90%以上，井斜范围集中在20°～50°之间，最大井斜达到50°以上，井深1800～3000m，注水井单井日配注量平均23m³，单层日配注量5～20m³，注水井具有定向井、小水量的特点，对分层注水工艺适应性、测调成功率和测调精度提出了更高要求。为进一步满足精细注水开发需求、提高工艺适应性和技术指标，创新研发了桥式同心分层注水技术，解决了桥式偏心分注工艺精确机械投捞作业在复杂井况上存在的测调作业效率低、作业风险大等技术难题，将分注技术推进到单纯电缆免投捞作业阶段，使细分注水技术实现跨越式进步，助推长庆低渗透油田精细分注水平提升[13-14]。

一、桥式同心高效测调分层注水技术

桥式同心高效测调分层注水工艺技术是指桥式同心高效测调配水器随分注管柱下入分层注水井内，完井后能够进行封隔器坐封、打开水嘴配注、封隔器验封及定期测调的分层注水工艺技术。桥式同心高效测调分层注水工艺技术由桥式同心高效测调配水器、同心电动井下测调仪、同心电动直读验封仪、同心分注地面控制器、电缆测井车及辅助设备组成，如图4-1所示。桥式同心高效测调配水器与分层注水管柱一起下入分层注水井内，内部装有可调水嘴，电动验封仪和测调仪由电缆下到分层注水管柱，与工作筒对接，地面直读实现验封和流量测调。地面控制器通过电缆获取验封压力数据或者测调压力温度流量数据，并对验封仪和测调仪进行实时控制。

1. 桥式同心高效测调配水器

桥式同心高效测调配水器是桥式同心高效测调分层注水工艺技术的核心工具，用于分层注水井井下分层配水。其主要设计理念：拥有较大面积桥式过流通道，配水器与可调式水嘴集成同心设计，采用平台式定位机构。

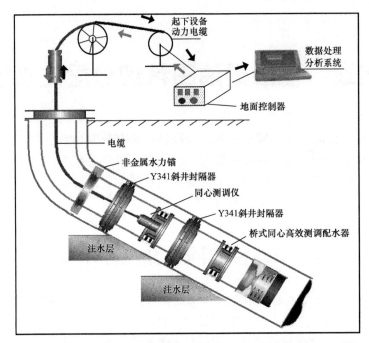

图4-1　桥式同心高效测调分层注水工艺原理图

1) 工具结构

桥式同心高效测调配水器主要由上接头、定位机构、同心活动筒、外筒、活动水嘴、固定水嘴、下接头等部件组成，其中上接头、下接头可根据具体要求设计成多种油管螺纹样式，如图4-2和图4-3所示。

图4-2　桥式同心高效测调配水器实物图

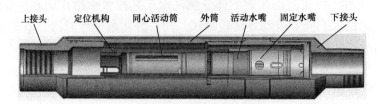

图4-3　桥式同心高效测调配水器三维结构效果图

桥式同心高效测调配水器将桥式偏心的桥式过流通道与同心分注中心通道投捞相结合，既保证了分层流量调配时层间干扰小，又提高了测调时测调仪器与水嘴对接成功率和测调效率，大大缩短了分注井测调时间。桥式同心高效测调配水器采用配水工作筒和可调水嘴一体化设计，改善以往分注工艺进行水嘴投捞工作；井下调节器与配水工作筒的定位对接和水量大小调节对接均为同心对接，对接成功率很高；流量测量和调节注入量大小同步进行，并且可在地面控制器的显示屏上进行可视化同步操作；桥式过流通道具有较大流通面积，层间干扰性小。同时考虑对水嘴进一步从结构上优化改进，解决桥式偏心可调式水嘴孔径小、节流能力差、易堵塞的缺陷，进一步提高桥式同心高效测调配水器采出水回注适应性。

2）工作原理

桥式同心高效测调配水器将可调式水嘴集成设计在中心通道外围，在连入分层注水管柱之前，水嘴处于完全关闭状态，管柱连接下入井筒预定位置后，油管内注水打压封隔器坐封。采用平台式直接定位对接机构，电缆携带同心电动测调仪进入油管，到达桥式同心高效测调配水器顶端3~5m时，地面给测调仪发送开臂指令，定位爪张开，下放测调仪进入配水器中心通道，定位爪坐落于定位台阶上，根据地面发送的正转和反转指令，测调仪防转爪卡于防转卡槽、调节爪卡于调节孔中，测调仪调节装置带动同心活动筒和活动水嘴在固定水嘴内向上和向下转动，改变固定水嘴出水孔的过流面积，实现对注水量的调节。配水器拥有较大面积过流通道，由于测调仪占用中心通道，一部分注入水流经过流槽、桥式通道和过流孔流向下一级桥式同心高效测调配水器，以满足其他层段分层配水的需要。

3）技术参数

桥式同心高效测调配水器技术参数见表4-1。

表4-1　桥式同心高效测调配水器技术要求

外径 （mm）	内通径 （mm）	总长度 （mm）	调节行程 （mm）	工作温度 （℃）	工作压力 （MPa）	流量范围 （m³/d）	调节扭矩 （N·m）
≤114	≥46	640	40	−30~150	≤60	5~200	<8(压差20MPa下)

4）室内实验

实验设备：额定工作压力60MPa试压泵一台；0~5MPa、0~60MPa压力表各一块，精度为1级；集成扭矩测试仪，最大扭矩30N·m；额定工作压力为50MPa的模拟井。

（1）桥式同心高效测调配水器密封性检验。

①关闭配水器活动水嘴，连接好丝堵和管串，下入模拟井。

②按实验流程要求，做好地面流程组装和井口安装。

③启动试压泵，正打压，逐步升压至15MPa，稳压5min，逐步升压至30MPa，稳压5min，再逐步升压至40MPa，稳压30min，不渗漏为合格。

④反打压，逐步升压至15MPa，稳压5min，逐步升压至30MPa，稳压30min，不渗漏为合格。

桥式同心配水器试压情况见表4-2。

（2）活动水嘴打开实验。

①关闭配水器活动水嘴，连接好丝堵和管串，下入模拟井。

②按实验流程要求，做好地面流程组装和井口安装。

表 4-2　桥式同心配水器试压情况表

序号	试验压力（MPa）	稳压时间（min）	有无泄漏
1	15	30	无
2	20	30	无
3	25	30	无
4	30	30	无

③ 连接好测调仪与地面控制器，下入模拟井内，打开定位爪，与配水器对接。

④ 启动同心电动井下测调仪，打开水嘴，记录打开水嘴最大扭矩和通电电流，最大扭矩不超过 4N·m，电流始终在 200mA 左右。关闭水嘴。

⑤ 启动试压泵，正打压，逐步升压至 10MPa，稳压 5min，逐步升压至 20MPa，稳压 5min，不渗漏。

⑥ 启动同心电动井下测调仪，打开水嘴，记录打开水嘴最大扭矩，最大扭矩不超过 8N·m，电流始终在 200mA 左右。

⑦ 打开或关闭水嘴时，扭矩和工作电流符合设计要求，水嘴开度显示调节正常，对接正常。

（3）水嘴调节精度实验。

① 关闭配水器活动水嘴，连接好丝堵和管串，下入模拟井。

② 按实验流程要求，做好地面流程组装和井口安装。

③ 启动试压泵，正打压，逐步升压至 10MPa，稳压 5min，逐步升压至 20MPa，稳压 5min，不渗漏。

④ 启动同心电动井下测调仪，活动水嘴轴向移动距离为 2mm/min，水嘴精度符合 $12mm^2/min$，活动水嘴调节最大行程 40mm。

5）技术特点

（1）改变测调仪和配水器传统旋转导向定位对接方式，采用平台式定位对接，提高对接成功率。

改变笔尖式导向定位机制（图 4-4），采用平台式直接定位对接机构，缩短工具总长，提高多级、大斜度井分注适应性，大幅提高对接成功率，使地面实验对接成功率达到 99%。

同时因取消了传统的导向机构，使配水器中心管长度由 950mm 缩短为 640mm，为精细分层注水提供了更广阔的应用条件，使最小跨距缩短为 3m。

（2）可调式水嘴与配水器集成一体化设计，无须投捞，关闭状态下承压满足封隔器坐封要求。

可调式水嘴与配水器一体化设计，无级连续可调，提高配注精度，关闭状态下耐内压达到 40MPa，满足封隔器坐封要求，调配时无须投捞水嘴，实现了免投捞作业。

（3）拥有较大面积桥式过流通道，层间干扰小，有效确保本层测试调配时，不影响其他层段正常注水。

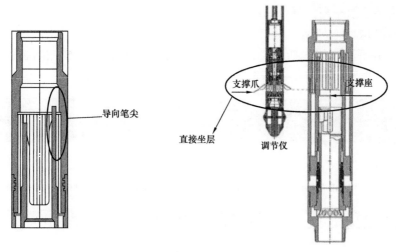

图 4-4 桥式同心配水器导向改进前后结构图

（4）桥式同心配水器长度短，对于层内多级小卡距分注井具有较好的适应性。

（5）可调式水嘴调节行程大，小水量调节分辨率高。

改圆形出水孔为长条形出水孔，提高流量调节分辨率，同时根据注水量设计了两种出水孔结构，三种出水面积，分别为 $64mm^2$、$96mm^2$、$192mm^2$。

（6）选择高性能材料，提高配水器可靠性。

设计初期要求配水器材质要达到 J55 以上钢级，材料在 35CrMo、40Cr、42CrMo 中任选一种，但试加工及实验阶段发现，35CrMo 会出现硬度不达标问题，影响整支配水器的可靠性，最终选定 42CrMo 为机加件材质。42CrMo 具有以下优点：一是高强度和韧性；二是较好的淬透性；三是无明显的回火脆性；四是调质处理后有较高的疲劳极限和抗多次冲击能力；五是低温冲击韧性良好。

活动水嘴、固定水嘴加工材质合金选用 17-4PH 合金，陶瓷选用氧化锆陶瓷，相关性能参数见表 4-3。

表 4-3 17-4PH 合金与氧化锆陶瓷性能表

项目	17-4PH 合金	氧化锆陶瓷
性能	17-4PH 合金是由铜、铌/钶构成的沉淀、硬化、马氏体不锈钢。热处理后，可以达到 1100～1300MPa 的耐压强度。具有良好的抗腐蚀能力。满足强度、硬度及抗腐蚀要求	二氧化锆密度和强度很高，其挠曲强度大于 900MPa，强度比氧化铝高 50%，具有极高的抗破裂性能。硬度高，经过烧结后的二氧化锆硬度在 900～1200MPa 之间。具有超高的耐高温、耐磨损、耐腐蚀性能

2. 同心电缆高效测调工艺

1）同心电动井下测调仪

同心电动井下测调仪是桥式同心分层注水工艺技术的关键仪器，其设计理念是将流量测试与水量调节集成于一体，实现测调同步；动力传递设计为同心连杆机构，机械结构简单，动力传递效率高，测调稳定性高。

（1）工具结构。

同心电动井下测调仪包括流量计、扶正器、磁定位装置、集成控制装置、动力传动机构、电动调节装置，如图4-5所示。

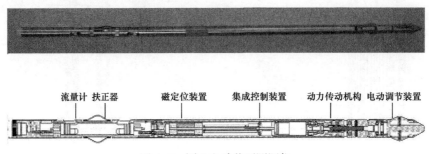

图4-5　同心电动井下测调仪

（2）技术参数。

同心电动井下测调仪的技术参数见表4-4。

表4-4　同心电动井下测调仪技术要求

外径（mm）	总长度（mm）	工作温度（℃）	工作压力（MPa）	工作电压（V）	工作电流（mA）	流量范围（m³/d）	测量精度（%）	电动机输出扭矩（N·m）
≤42	1470	−20～150	≤80	70～100	35～600	0～800	2	>12

2）同心电缆高效测调工艺原理

测试调配时，扶正器使同心电动井下测调仪始终处于油管中心位置，磁定位装置能够准确探测井下封隔器和配水器位置。同心电动井下测调仪与桥式同心配水器同心定位对接，测调仪防转爪卡于配水器主体定位端防转槽内，防止仪器自身转动。调节爪卡于同心活动筒调节孔内，在电动机的驱动下转动，调节水嘴的大小，实现流量调节。

测调仪动力传递设计为同心连杆机构，机械结构简单，动力传递效率高。该测调仪集流量测试和水嘴调节于一体，实现测调同步，有效提高测调成功率和效率。

当需要对目标层注水调节时，首先系统将测调仪下放到要注水的目标层上方3～5m处，通过控制器开臂按钮或者软件的开臂按钮打开调节臂，开臂到位后测调仪自动停止，并给数据采集处理系统发送开臂到位状态信息，数据采集处理系统显示开臂到位。下放仪器，完成定位爪与井下的同心配水器的对接。对接后数据采集处理系统显示对接成功。此时开收臂按钮不起作用。控制箱上的正负调节按钮和数据采集处理系统的正负调节按键可以进行配水器的水嘴开度调节。进行流量调节时，数据采集处理系统实时测量温度压力和流量，并且显示可调水嘴的开度变化。调节流量至要求的值或者要求的开度值时，可利用停止按钮停止本层的流量调节。此时可上提仪器，使仪器脱离对接状态。然后利用地面控制器上的收臂按钮或者数据采集处理系统上的收臂按键收回调节臂，调节臂收臂到位后井下仪器自动停止收臂动作并给数据采集处理系统发送收臂到位的状态信息，数据采集处理系统显示收臂到位，此层的注水调节完成。

3）同心电缆高效测调技术特点

（1）同心电动井下测调仪动力传递设计为同心连杆机构，仪器下井后可对任意层进行调节，一次下井即可完成全井测调任务。

（2）同心电动井下测调仪两端设计了流量计和电动调节装置，可实现流量测试和水量调节同步进行，大幅提高测调效率。

（3）同心电动井下测调仪通过电缆供电，实现双向传送指令和流量、压力、温度信号。

（4）采用磁定位器实现精确定位，解决大斜度井及深井小卡距分层注水测试调配定位不准确的问题。

（5）设置有扶正器、定位爪和调节爪，均具有扶正作用，确保本发明与桥式集成同心配水器在井下同心定位、同心对接、实时传送测调指令和井下测试信号，对接成功率高，解决大斜度井及深井中分层注水测试调配作业时机械定位、对接、反复投捞分层测试复杂、耗时长、工作量大等难题。

3. 同心电动直读验封工艺

1）同心电动直读验封仪

同心电动直读验封仪是对分注管柱尤其是封隔器密封效果检测的关键工具，包含机械式验封仪所有功能，并增加了磁定位、地面直读和电动机控制三种模块，由电动机旋转驱动密封件坐封和解封，验封成功率和效率高。

（1）工具结构。

同心电动直读验封仪主要由磁定位及控制部分、电动机及传动丝杠、定位爪、压力计和密封段依次连接而成，如图 4-6 和图 4-7 所示。

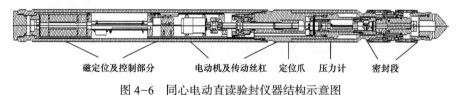

磁定位及控制部分　　电动机及传动丝杠　定位爪　压力计　　密封段

图 4-6　同心电动直读验封仪器结构示意图

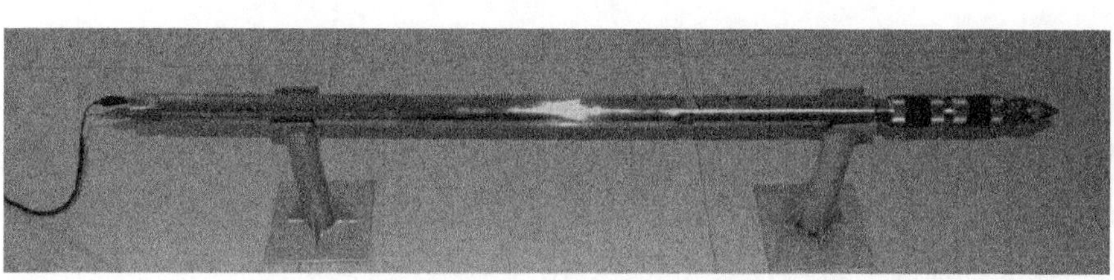

图 4-7　同心电动直读验封仪器实物

（2）技术参数。

同心电动直读验封仪的技术参数见表 4-5。

表 4-5　同心电动直读验封仪技术要求

外径 （mm）	总长度 （mm）	工作温度 （℃）	工作压力 （MPa）	工作电压 （V）	压力测量范围 （MPa）	压力测量精度 （%）	坐封皮碗正常承受压差 （MPa）
≤42	1256	−20～150	≤80	40～60	0～60	0.1	20

2）同心电动直读验封仪工艺原理

同心电动直读验封仪的设计思路是将机械式密封段转换成电动控制，同时改进机械式密封段没有泄压通道的缺陷。

封隔器验封时，同心电动直读验封仪与电缆连接后下入油管内。在下放过程中，磁定位装置确定井下工具位置，当验封仪下放到待验封封隔器相邻配水器上方时，地面控制系统发射指令，集成控制装置对指令解码后，电动机带动传动轴正向转动使定位爪打开，定位爪与配水器对接以后，电动机继续转动，上胶筒和下胶筒受到外筒压缩而径向扩张，与配水器工作筒内壁挤压贴合实现坐封；在井口进行注水阀门开—关—开或关—开—关操作，油管压力和地层压力通过传压孔传达到压力传感器，转换成数字信号后传送到地面数据采集处理系统，以实时显示井下测试曲线，如图 4-8 所示。直读验封完成后，地面控制系统发送解封指令，电动机反转拉动外筒向上移动，轴向拉伸上胶筒和下胶筒使其复位实现解封，电动机继续转动带动定位爪收回。

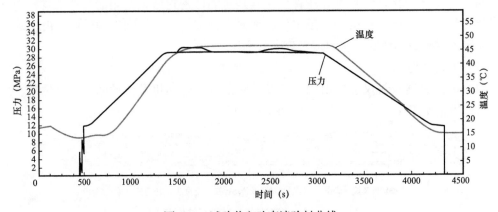

图 4-8　试验井电动直读验封曲线

3）同心电动直读验封技术特点

（1）电动机驱动控制坐封和解封：电动机控制坐封（压缩皮碗）和解封，减小了皮碗和配水器带摩擦的行程，降低了遇阻、遇卡风险，提高了验封成功率，可靠性高。

（2）实时性：仪器实时发送压力温度数据到地面控制器，实现了数据传输实时性，加快了验封速度，提高了验封效率，每层只用开关井一次即可。

（3）电动机控制开收臂：避免了机械式密封段机械臂误触发的缺陷。

（4）平衡压技术：在解封行程的起始阶段为地层和油管提供压力平衡通道，消除皮碗在后续解封过程中受的压差，减小了皮碗的磨损，避免了机械式密封段靠强拉钢丝解封的缺陷。

二、桥式同心验封测调一体化分层注水技术

为进一步提高测调效率、降低测调成本和劳动强度，研发了桥式同心验封测调一体化配水器，实现一趟作业完成全井封隔器验封及流量测调，提高了分注井测调精细化管理水平[15]。

1. 桥式同心验封测调一体化配水器

桥式同心验封测调一体化配水器，在桥式同心配水器的基础上，通过优化出水孔、同心活动筒等结构，实现配水器与桥式同心验封测调一体化测试仪的对接。

1）工具结构

桥式同心验封测调一体化配水器包括上接头、定位机构、主体筒、水嘴、同心活动筒、下接头，如图4-9所示。

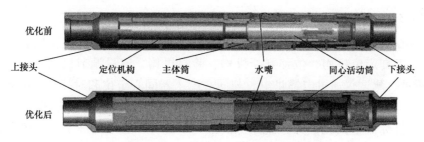

图4-9　桥式同心验封测调一体化配水器结构优化

（1）主体结构下端增加测试对接扶正机构，确保测试过程中，一体化测试仪器居中，提升测调成功率。

（2）主体结构与定位机构装配方式由锚定式改为螺纹连接，提升配水器调节机构的同心度，降低测调扭矩。

（3）定位机构固定轴与中间接头采用螺纹连接，避免连接过程中产生的高温导致固定轴焊接处微变形从而产生同轴度偏差。

（4）配水器活动水嘴密封面长度由38mm增加到46mm，采用新的粘合工艺，取消端面用激光焊接压环控制，因此有效冲蚀厚度由2.7mm增加到4.2mm，提升了活动水嘴的机械强度和减少间隙配合漏失量。

2）工作原理

桥式同心验封测调一体化配水器主体筒、活动水嘴与固定水嘴均同心化集成，实现桥式同心配水器与桥式同心验封测调一体化测试仪在井下定位同心对接，对接成功率高，满足大斜度井及深井分层配水的需要；而且，桥式同心验封测调一体化配水器的活动水嘴采用独特结构设计，与桥式同心测调验封一体化测试仪器配合，下一趟仪器实现注水量调节和封隔器验封同步作业，减少工作量，提高工作效率。

3）技术参数

桥式同心验封测调一体化配水器的技术参数见表4-6。

表4-6　桥式同心验封测调一体化配水器技术要求

外径 （mm）	内通径 （mm）	总长度 （mm）	调节行程 （mm）	工作温度 （℃）	工作压力 （MPa）	流量范围 （m³/d）	调节扭矩 （N·m）
≤114	≥46	840	40	−20～150	≤45	0～200	<22（压差20MPa下）

2. 桥式同心验封测调一体化测试仪

桥式同心验封测调一体化测试仪是将同心井下电动测调仪和井下电动直读验封仪集成化设计，采用离合机构及位移控制机构解决执行机构的动作判断及转换对接，一个电动机实现验封直线运动和测调旋转运动两种方式，实现一趟作业完成封隔器验封及流量测调流程。

1）工具结构

桥式同心验封测调一体化测试仪由上接头、流量测量机构、主体控制机构、动力传递机构、工具定位机构、位移判断机构、验封机构、流量调节机构、外筒构成，如图4-10所示。测试仪通过电缆供电，与同心配水器同心定位和对接，能够实时双向传送验封及测调指令并回传井下流量、压力、温度数据，一次下井可完成井下全井验封、流量测试和目标流量调配任务，测试与调配同步进行，有效提高了验封测调成功率和效率。

图4-10　桥式同心验封测调一体化测试仪示意图

2）工作原理

桥式同心测调验封一体化测试仪具有封隔器验封及分层流量测调等功能。通过电缆将测试仪下入井中与配水器对接后，首先对封隔器进行验封，验封后直接对配水器实施分层测调工艺，整个过程只需一次井下作业，简化了作业工序，提高了分注井测试效率，降低井下作业风险及施工费用。

3）技术参数

桥式同心测调验封一体化测试仪的技术参数见表4-7。

表4-7　桥式同心验封测调一体化测试仪技术要求

外径 （mm）	总长度 （m）	工作温度 （℃）	工作压力 （MPa）	流量范围 （m³/d）	流量精度 （%）	压力精度 （%）
≤42	2	−20～120	≤60	0～200	±2	0.1

3. 工艺优势

桥式同心验封测调一体化分层注水技术将桥式同心配水器结构重新设计，改变调节机构与水嘴结构，同时将同心电动井下测调仪与电动直读验封仪集成再创新，采用一套控制机构执行流量测调旋转控制及封隔器验封轴向直线运动，实现分层流量测调、封隔器验封功能一体化设计，满足一趟作业完成全井封隔器验封及分层流量测试调节工艺流程，简化测试作业工序，提高现场施工效率。

（1）简化测调工序，助推测试调配提质提效。

验封测调一体化技术实现一趟作业完成全井验封及流量测调流程，简化了测调工序，新井由"开水嘴+验封+测调"3趟作业简化为1趟作业，老井由"验封+测调"2趟作业简化为1趟作业，平均单井测调时间由1~2d下降到4h，单井测调成本节约2000元，减少1套测试仪器。

（2）强制执行分注井验封及测试制度，提升测试管理水平。

验封测调一体化技术要求执行验封操作后，才能进行分层流量测试流程，确保现场作业严格按照测试规范执行。

三、现场应用效果

在华庆油田、南梁油田和环江油田等油田累计开展桥式同心分层注水工艺试验6400口井，试验成功率100%，测调成功率100%。最大分注层数由2层上升至4层，平均单井验封测调时间由1~2d下降到4h以内，分层误差小于10%，节约测试时间280h以上，最大扭矩由22N·m下降到15N·m。该工艺的应用提升了分注技术在大斜度井、深井、多层小卡距井以及采出水回注井上的应用范围，改善了注水开发效果。

通过桥式同心分注技术的应用，重点分层注水开发油藏水驱储量动用程度提高8.9%，平均自然递减率降低3.2%，含水上升率降低1.8%。南梁油田、华庆油田等精细分层注水试验区开发效果变好，水驱储量动用程度提高7.6个百分点，自然递减率降低2.6个百分点，压力保持水平提高6.7个百分点。

第二节　同心双管数字式分注技术

为解决长庆油田采出水分注井腐蚀结垢，导致常规井下分注工艺测试遇阻频繁、分注合格率低、测调费用逐年上升和油套分注容易套破的问题，开展了同心双管地面数字式分注技术研究与试验，替代常规井下分注钢丝或电缆测调，实现分层流量地面自动测调、带压作业、吸水剖面测试，提升了采出水分注合格率，对保持地层能量、缓解油藏纵向开发矛盾、提高油藏精细水驱开发效果、降低套破风险，具有重要意义。

一、技术原理

同心双管分注工艺通过井口管线分别与两套阀组连接，在$5\frac{1}{2}$in套管内依次下入

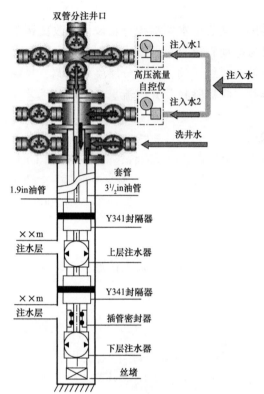

双管分注井口

注入水1

高压流量
自控仪

注入水2

洗井水

注入水

套管

1.9in油管　　3½in油管

Y341封隔器

××m
注水层　　上层注水器

Y341封隔器

××m
注水层　　插管密封器

下层注水器

丝堵

图4-11　同心双管分注工艺原理示意图

3½in油管依次连接套保封隔器、单向连通器（上层注水通道）、层间封隔器、插管密封器等工具，再将连有插管的1.9in油管下入3½in油管内，使插管与插管密封器实现密封，形成油套环空、双管环空、小油管内腔三个独立通道，并通过双管环空和小油管分别对两个注水层注水；地面稳流阀组对两层注水量进行计量和调配，有效保障全天候达标分注，如图4-11所示。

二、工艺组成

该工艺主要由地面稳流阀组、双管分注专用井口、3½in油管、1.9in油管、井下工具等组成。

同心双管分注工艺整体按照20MPa压力等级设计，耐温等级按照90℃设计，带压作业压力按照15MPa设计，3½in管柱工具内径不低于62mm。

1. 地面稳流配水阀组

同心双管分注工艺采用分层注水地面单独计量的方式，每口井需要配套两井式稳流配水阀组一套（图4-12）。双管分注工艺对稳流配水阀组型号及相关参数不作限制，确保能正常使用即可。

图4-12　稳流配水阀组实物图

2. 同心双管专用注水井口

同心双管分注专用井口技术参数，整体上按照《长庆油田简易采油、注水井口装置技术要求》中"KZ65-25II型同心双管注水井口装置技术要求"执行，如图4-13所示。

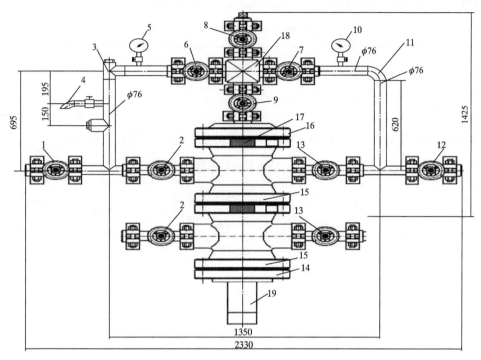

图4-13 KZ65-25II型同心双管注水井口装置示意图

1—注水阀门；2—套管进口阀门；3—单流阀；4—取样口；5—油管压力表；6—油管进口阀门；7—油管出口阀门；
8—测试阀门；9—总阀门；10—套管压力表；11—弯头；12—放空阀门；13—套管出口阀门；14—下法兰；
15—大四通体；16—上法兰；17—铭牌；18—小四通体；19—套管短节

3. 油管

同心双管分注工艺的外管和内管，外管采用 $3\frac{1}{2}$in 钢制油管，内管采用1.9in玻璃钢油管或1.9in钢制油管。钢制油管应符合SY/T 6417—2016《套管、油管和钻杆使用性能》的要求。玻璃钢油管应符合SY/T 7043—2016《石油天然气工业用高压玻璃钢油管》的要求。

同心双管分注工艺使用的 $3\frac{1}{2}$in 油管的主要性能参数见表4-8。该油管需进行防腐处理后才能使用，油管内防腐推荐采用改性环氧酚醛喷涂热固化内涂层防腐涂料，油管外防腐推荐采用普通涂料漆进行防腐处理。

表4-8 $3\frac{1}{2}$in 油管主要技术参数

规格	钢级	外径（mm）	壁厚（mm）	内径（mm）	接箍外径（mm）	扣型	质量（kg/m）
$3\frac{1}{2}$in	J55	88.9	6.45	76	107.95	$3\frac{1}{2}$inEU	13.69

同心双管分注工艺使用的内管通常有钢制油管和玻璃钢油管两种，在选用时要充分考虑油藏地温梯度的影响，综合耐温和抗拉等因素进行选择，确定使用界限。

同心双管分注工艺使用的1.9in钢制油管的主要性能参数见表4-9。该型号油管内、外防腐均推荐采用改性环氧酚醛喷涂热固化内涂层防腐涂料。

表 4-9　1.9in 油管主要技术参数

规格	钢级	外径（mm）	壁厚（mm）	内径（mm）	接箍外径（mm）	扣型	质量（kg/m）
1.9in	N80	48.26	3.68	40.89	55.88	UPTBG	4.09

同心双管分注工艺使用的1.9in玻璃钢油管的主要性能参数见表4-10。

表 4-10　1.9in 玻璃钢油管技术参数

类别	规格	压力等级（MPa）	使用温度（℃）	极限抗内压（MPa）	极限抗外压（MPa）	极限抗拉强度（t）	平均外径（mm）	平均壁厚（mm）	内径（mm）	不锈钢接箍外径（mm）	扣型
酸酐类	1.9in	20.7	65	47	55	9	52	6.95	38	63.5	UPTBG
										59.0	
胺类	1.9in	20.7	93	47	65	9	52	6.95	38	63.5	UPTBG
										59.0	

4. 井下工具

同心双管分注工艺所涉及的井下工具主要包括：封隔器、单向连通器、插管连通器、插管、伸缩管、小直径预置工作筒。井下工具的主体部件均要进行防腐处理，保障工具的耐腐蚀性能。

1）封隔器

Y341-114 大通径封隔器（图4-14）主要性能指标应符合表4-11的规定。

表 4-11　封隔器主要性能指标

型号	外径（mm）	内径（mm）	耐温（℃）	承压等级（MPa）	坐封压力（MPa）	解封负荷（kN）	反洗压差（MPa）	总长（m）
Y341	114	62	120	20	5～6	50	2～3	1.5±0.1

图 4-14　Y341-114 大通径封隔器

2）单向连通器（上层注水器）

DXLTQ-114单向连通器（图4-15）主要性能指标应符合表4-12的规定。单向连通器正常注水后，需具备停注自动关闭出水口的功能，以满足带压作业的需求。

表4-12　单向流通器主要性能指标

型号	外径（mm）	内径（mm）	耐温（℃）	承压等级（MPa）	首次启动压力（MPa）	反向承压（MPa）	总长（m）
DXLTQ	114	62	120	25	8～10	20	0.5±0.1

图4-15　DXLTQ-114单向连通器

3）插管连通器及插管

FDL-110插管连通器（图4-16）主要性能指标应符合表4-13的规定。插管连通器出水口设计能满足正常的洗井要求。插管连通器应具备反向关闭功能，确保能实施带压作业，反向承压应满足要求。

表4-13　插管连通器主要性能指标

型号	外径（mm）	内径（mm）	耐温（℃）	承压等级（MPa）	首次启动压力（MPa）	反向承压（MPa）	密封段（m）	摩擦力（kN）	总长（m）
FDL	110	48	120	25	3～5	20	0.2	≤3	1.2±0.1

图4-16　FDL-110插管连通器

SCG-59插管（图4-17）主要性能指标应符合表4-14的规定。插管外密封面下井前必须保障光滑并能与插管连通器配合实现密封，承压能力应满足要求。

表4-14　插管主要性能指标

型号	接箍外径（mm）	密封面外径（mm）	内径（mm）	耐温（℃）	承压等级（MPa）	密封段有效长度（m）	摩擦力（kN）	总长（m）
SCG	59	48	30	120	25	2.8	≤3	4.0±0.1

图4-17　CG-56插管

三、推荐使用范围

同心双管分注工艺具有工艺结构简单、后期管理方便等优势；但与常规分注工艺相比，一次性投入高、现场施工工序多，限制了大规模应用。因此，建议该工艺在以下条件下应用：

（1）适合两层分别注不同介质的分注井；

（2）适合分注测调遇阻频繁的两层分注井；

（3）适合两层注水压力差别大（大于 2MPa）的分注井。

第三节　波码通信数字式分注技术

长庆油田特低—超低渗透油藏层间和层内非均质性强，注水井井斜大（井斜 25°以上占 40%），单井日配注量小（平均 23m³/d），深井、多层细分井、采出水回注井逐年增多，常规分层注水技术均采用人工、定时测调，存在人工作业风险大、工作量大及分层注水合格率下降快等问题，针对以上问题，创新研发波码通信数字式分层注水技术，实现全天候达标注水，提高了纵向小层水驱储量动用程度。

以"分层流量自动测调 + 远程实时监控"为技术思路，研发了波码通信数字式分层注水技术，实现了分层注水远程实时监测与自动控制，提高了分层注水合格率，降低了人工测调工作量和费用，助推了精细分注技术向数字化、智能化方向发展，为数字化油田建设奠定了基础。

波码通信数字式分注技术主要由波码通信数字式配水器、地面控制系统和远程控制系统三部分组成，如图 4-18 所示。

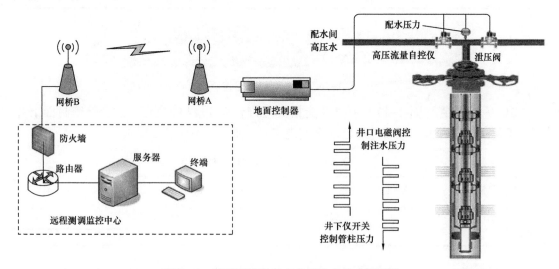

图 4-18　波码通信数字式分层注水技术原理图

一、波码通信数字式配水器

波码通信数字式配水器是实现分层注水的核心，具有远程无线控制、数据采集传送、根据控制指令进行控制水量、监测井下流量和压力数据等功能。

1. 技术原理

（1）在正常注水的情况下，通过调节地面控制系统的电控调节阀（降压法）形成压力波码，将调节水量指令传送给波码通信数字式配水器，在稳压模式下自动调节各层配水器注水量。

（2）波码通信数字式配水器自动调节注水量后，通过水嘴自动开关（升压法）形成压力波码，将压差信息传送给地面控制系统，根据人工智能理论建立压差—流量—水嘴开度三者之间的关系模型，形成三维云图图版，计算得出井下注水量，实现配水器配注量的调节、监测和录取。

（3）配注量调节完成后，地面控制系统设置为稳流模式，波码通信数字式配水器根据监测的配注量，自动调节水嘴，实现长期达标分注。

2. 结构

配水器主要包括上接头、中心过流通道、电池组、控制电路、流量计、机电一体化水嘴、外护管和下接头，如图 4-19 所示。

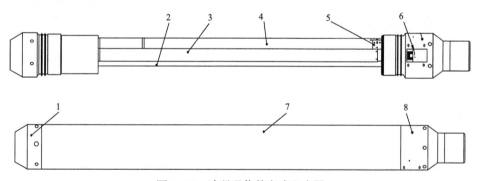

图 4-19　波码通信数字式配水器

1—上接头；2—中心过流通道；3—电池组；4—控制电路；5—流量计；6—机电一体化水嘴；7—外护管；8—下接头

3. 技术参数

波码通信数字式配水器的技术参数见表 4-15。

表 4-15　波码通信数字式配水器技术要求

外径（mm）	内通径（mm）	主要零部件钢体材质	工作温度（℃）	工作压差（MPa）	流量范围（m³/d）	防腐性（mm/a）
≤114	46	42CrMo 及以上	≤150	≤35	0～200	≤0.076

4. 室内实验

1）地面控制系统和配水器整体联调

地面控制系统和配水器进行整体联调，通过计算机控制软件实现了对整机的多功能操作，包括：参数设置、流量自动调节和手动调节、验封功能、实时数据直读和监测等。

将配水器整体组装完成，并在仪器两端连接长 1.5m 左右的油管，然后将连接好的工具串放置于打压井内，模拟现场情况，验证波码通信、流量测量、开关水嘴、自动测调等功能。

验证流量和内外压力测量功能：模拟井验证了读写参数、实时采集、手动开启水嘴测调、流量自动测调、差压传感器无损、流量值可靠性等功能。图 4-20 为流量调节实时读取曲线。

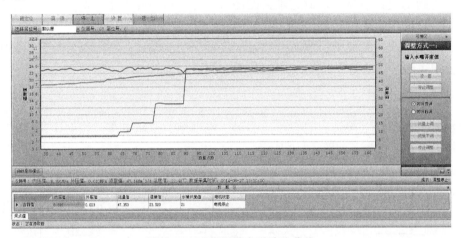

图 4-20　流量调节实时读取曲线

验证自动测调功能测试：设置预设流量为 20m³/d，流量调节范围设置为 20%，开启自动测调后，数据采集正常。图 4-21 为流量自动调节历史数据回放曲线。

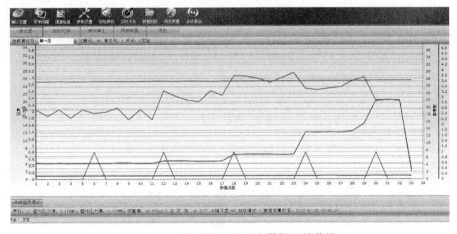

图 4-21　流量自动调节历史数据回放曲线

2）整机进行现场模拟井下开水嘴实验

实验流程为模拟现场井下注水后开启水嘴过程，对配水器进行管内打压至 20MPa，然后开启水嘴，实时检测流量计数值和实际值变化，判断差压传感器是否正常工作。

配水器水嘴打开过程各参数变化如图 4-22 所示，注水压力和地层压力基本趋于一致，表明水嘴已打开。

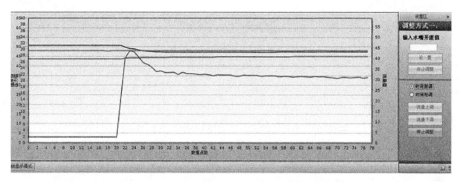

图 4-22　配水器水嘴开启曲线

高压下开水嘴整机实验数据见表 4-16。

表 4-16　高压下开水嘴实验结果

实验次数	憋内压（MPa）	开水嘴时间（s）	差压传感器计数值	结论
20	20	0	33000	20MPa 压力下，开水嘴不会对差压传感器造成伤害
		30	32998	
		60	32990	

3）整机进行流量标检和自动测调实验

通过流量标定台按不同流量梯度对应不同的压差值，进行流量标定，并标定后进行曲线拟合。连接流量标定台进行标定。使用上位机软件配合流量标定台进行流量标定，如图 4-23 所示。

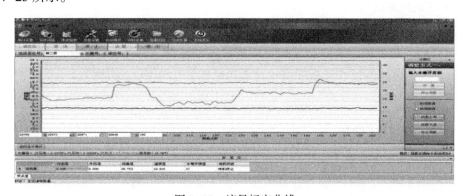

图 4-23　流量标定曲线

表 4-17 所列数据为流量计短节（流量范围 1～100m³/d）的标检结果。

表 4-17　流量计标检结果

不同开度测量							
100%		74%		47%		21%	
流量 （m³/d）	压差 （MPa）	流量 （m³/d）	压差 （MPa）	流量 （m³/d）	压差 （MPa）	流量 （m³/d）	压差 （MPa）
92.828	0.50	74.121	0.50	52.429	0.50	21.379	0.50
82.587	0.40	63.235	0.40	44.930	0.40	19.061	0.40
72.947	0.30	54.332	0.30	39.949	0.30	16.389	0.30
56.561	0.20	47.476	0.20	31.302	0.20	13.321	0.20
41.812	0.10	31.906	0.10	23.865	0.10	9.521	0.10
18.750	0.02	14.996	0.02	10.448	0.02	4.331	0.02
0	0	0	0	0	0	0	0

二、流体波码双向通信系统

流体波码双向通信系统主要包括地面控制系统（地面—井下压力脉冲发生器）、波码通信数字式配水器（井下+地面压力脉冲发生器）。

1. 流体波码双向通信原理

1）地面到井下通信

在油管内压力降低 0.4～1MPa 条件下，地面控制器通过自动开关电动控制阀，引起井筒内压力按指令编码变化，并向下传送，配水器（传感器灵敏度 0.5psi）接到编码后，通过整形成方形波电流送达控制电路，按设定的控制方式控制配水器自动调节水嘴开度。

2）井下到地面通信

井筒作为一个定容体，当配水器水嘴关小或者关闭时，引起井筒内压力突然升高，形成波码信号，并叠加压差进行识别，按编码方案编码，将井下信息传送到地面，实现通信。由于地面传感器接收灵敏度高（传感器灵敏度 0.01psi），实现对井下波码信号的精确识别。

2. 流体波码双向通信系统

1）地面—井下压力脉冲发生器——地面控制系统

地面控制系统作为地面压力脉冲发生器，主要由地面 GPRS 无线网络通信模块、地面控制模块、进水电动控制阀前压力计、进水电动控制阀、进水电动控制阀后压力计、出水电动控制阀、超声波液体流量计等组成。

地面控制系统是由地面控制模块控制注水井进水电动控制阀和出口电动控制阀交互开关形成对井筒内的压力干扰，从而建立压力脉冲通信波，将控制信息由地面向井下发送。地面控制系统接收到通过网络传送的远程控制指令后，根据控制指令的操作内容，由控制模块针对控制指令信息进行压力脉冲编码的查询与确认，并依据对应的编码操作进水阀和排水阀的开关，建立压力波码指令，随井筒内流体传给井下的配水器。

在用于井下压力脉冲信息接收时，地面控制系统的压力感应器接收到井下发送的压力脉冲，经过补偿与滤波电路整形后，将信息传送至控制模块，控制模块依据压力脉冲编码特征，根据通信编码协议和编码，运算还原为数据信息。

2）井下—地面压力脉冲发生器——波码通信数字式配水器

波码通信数字式配水器作为井下压力脉冲发生器，是由配水器控制模块控制水嘴电动控制阀开关或微动形成对井筒内的压力干扰，从而建立压力脉冲通信波，将数据信息由井下向地面发送。

定量回传：由于直接从井下向地面长期传送嘴前嘴后压力、水嘴开度等信息，对注入水过程和流量干扰、电池组供电无法满足需要，采用了定量回传，并且流量变化小于5%，配水器水嘴开度不变，流量变化不小于5%则配水器控制模块控制电动控制阀改变水嘴开度，自动测调，直至满足配注需求。

自学习过程：在测调过程中水嘴开度、压力与流量是不断变化的，这种不同过流面积下压力变化，人工智能系统会随时记录和处理为不同层的注入压力变化特征，形成一套完整的智能数据云图（图4-24），智能数据云图也会根据回传的实际压差进行不断修正。对未传回压差数据时，说明流量变化小于5%，此时系统会启用智能数据云图，根据井筒注入压力变化，按照智能数据云图的规律对各层的压差进行修正，并根据修正结果，从智能数据云图中读取对应的流量值作为实时流量。

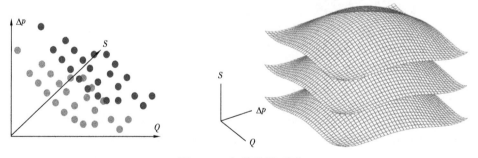

图4-24　智能数据云图

三、分注智能远程控制系统

以WINDOWS操作系统和.NET应用系统为支持平台，以SQL数据库系统为数据存储与处理核心，分注智能远程控制系统整体功能开发由服务器系统和客户端组成。

分注智能远程控制系统能完成地面数据采集、井下分层数据采集、分层测调、单井流量恒流恒压控制和历史数据曲线查询等功能，全面实现办公室管理模式的水井日常监测管理和动态管理。

（1）用户管理模块，采取用户认证管理模式，进入操作系统（图4-25）。

图 4-25　远程登录系统界面

（2）数据显示与管理模块，设备成功连接后可以直观地看到实时的来水压力、注水压力、注水流量、来水开度、注水开度和环境温度（图4-26），井下调配完后可以读取井下配水器的实时流量。

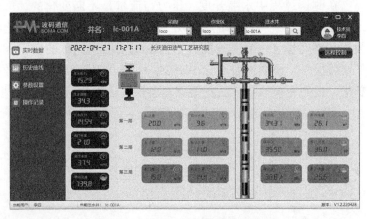

图 4-26　数据显示与管理模块界面

（3）数据查询与显示模块，提供从服务器数据库查询和显示历史数据，分析注水井注水状态，并为测调中及时观察操作与执行情况提供实时数据信息。

（4）远程控制模块是远程控制地面装置与井下配水器的指令管理与发送平台，具备对远程设备的指令操作或编码方案操作的功能，系统的编码方案操作，以调用远程设备中的编码方案为操作基础。

四、现场应用效果

为了更好地发挥项目示范和引领作用，依据长庆油田油藏特征，优选了具有代表性的分层注水试验区白153区、耿83区，开展现场试验289口井，扩大区域583口井，累计试验872口井。该技术满足最大井深2902m、最大井斜59.3°、最小单层配注量5m³、最多分注层级6层范围要求，实现了地面与井下远距离无线双向通信和远程实时监控。试验区油井产量平稳，区块效果显著，开发形势良好。

1. 分层流量井下自动测调和生产动态远程连续监控

实现了井下自动测调、全天候达标分注和远程动态监控，分层注水合格率长时间保持在90%以上，89口分注井试验前为桥式同心分注，年人工测调182井次，分注合格率63.6%；开展波码通信分注试验后，试验井采用井下自动测调，节省测调费用，分注合格率90.3%。图4-27为试验井的分层历史动态数据曲线，图4-28为可对比井分注合格率变化曲线。

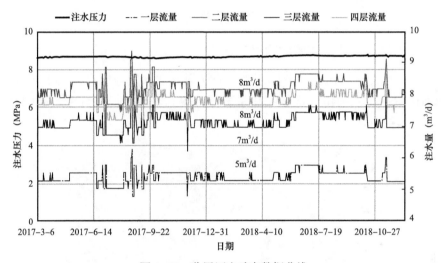

图4-27 分层历史动态数据曲线

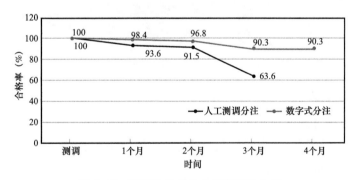

图4-28 可对比井分注合格率变化曲线

2. 分层数据实时监测录取、回放查询，为区块精细注采调整提供依据

通过远程客户端实现历史数据查询功能，查看小层流量、压力阶段变化情况（图4-29），为探索区块内测调周期、注采调整提供准确信息，实现远程发送指令、遥控井下配水器、调节注入量等功能。

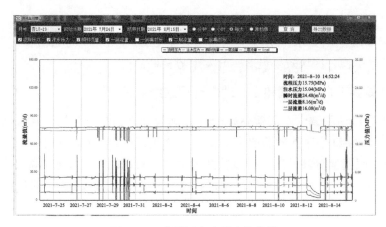

图 4-29　分层历史流量查询曲线

3. 区块和油藏注水动态监测的网络信息化

配水间实时监测分层流量、分层压力、分层累计注水量等信息（图 4-30）；将井下传送到地面的数据接入油田内部数字化系统，传输到安装监控系统客户端的站控平台，实现远程实时监控。

图 4-30　地面配水间实时数据

4. 试验区油藏效果

（1）试验区自然递减率减小、含水上升率保持稳定。

通过开展数字式分注试验，对比试验前，自然递减率由 5.8% 下降至 2.1%，含水上升率由 3.5% 下降至 3.4%。

（2）水驱状况有所改善。

试验区测试吸水剖面 15 口，平均吸水厚度由 19.3m 上升至 20.4m，水驱动用程度由 70.2% 上升至 70.9%。

（3）地层压力保持水平由 96.7% 上升至 97.4%。

对比试验前，试验区地层压力保持水平由 96.7% 上升至 97.4%；对比白 153 区，试验区较全区高 0.6MPa，地层压力保持水平高 3.7%。

第四节 小卡距多级分层注水工艺技术

针对长庆油田中高含水期"注够水、精细注水"的开发需求，持续攻关小间距、小隔夹层多级分层注水技术，提高油层动用程度。研发了智能配水器、可钻封隔器、机械定位器等关键工具及配套工艺管柱，突破了细分层段受卡距和隔层的限制，配水器间距由3～5m缩短到1m，隔夹层厚度由2m缩短到0.5m。

一、技术原理及特点

1. 管柱组成

工艺管柱主要采用防蠕动封隔器、配水器、机械定位器等组成（图4-31）。

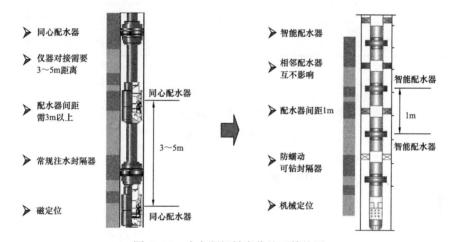

图4-31 小卡距机械定位施工管柱图

2. 工艺原理

该工艺利用简单的机械弹性原理，通过定位器弹性定位爪进入套管接箍时上提载荷的变化，确定套管接箍位置。利用短套管的唯一性，准确判断定位器的实际深度。施工时管柱按照设计要求下至磁性套管接箍下方5～6m的位置后，在管柱上端接上高精度的测力传感器及智能仪表，然后上提管柱寻找磁性套管接箍。当定位器进入磁性接箍时，地面显示仪会产生10～40kN载荷变化信号显示，此时即可确定磁定位套管的深度。通过计算，在井口调整短节，从而实现井下工具准确定位（图4-32）。

定位完成后，打压11～15MPa，定位器内支撑筒销钉剪断，打掉支撑筒后，定位爪失去支撑而收缩，收缩后外径为114～118mm（表4-18）。利用定位器内收功能，使下次施工作业时可将井下定位器随管柱一起安全可靠起出。

定位器除具有定位功能外，还具有管柱扶正功能，对下井工具具有保护作用，避免了因井斜偏磨而损坏下井工具，从而提高了该封堵管柱密封的可靠性。

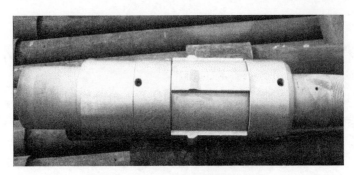

图 4-32　DWQ-130 型机械定位器

表 4-18　DWQ-130 机械定位器参数

规格型号	总长	最大外径	最小内径	定位负荷
DWQ-130	566mm	130mm	40mm	20kN
工作压差	释放压力	工作温度	连接方式	适用套管内径
50MPa	11~13MPa	≤120℃	ϕ73mm 平扣	124mm

3. 技术特点

（1）定位稳定性高、直观性强，定位可靠，现场技术人员容易接受。

（2）定位精度高，可以不需要地面仪器，操作更简单。

（3）耐压高（达到 50MPa），收缩可靠，施工安全。

（4）适用于 140mm 不同壁厚套管井，适用范围广。

4. 改进与完善

在前期试验成功的基础上，针对发现的仪表配套、定位载荷、工艺管柱及定位器设计缺陷等方面存在的问题进行改进。

1）配套仪表优化

考虑到机械定位技术配套的高精度的测力传感器及智能仪表价格昂贵、现场安装调试困难、仪器易损坏等问题，试验了直接采用施工队伍配备的机械或电子指重表来判断管柱载荷变化，最终确定套管接箍的试验方案。通过前期的 9 口井现场试验，达到了预期效果。

2）提高定位载荷

一般情况下，2000m 的井上提管柱载荷一般为 120~200kN，定位爪进入套管接箍后载荷增加 10~20kN，对于电子指重表易于观察，然而华庆油田施工队伍目前普遍采用机械指重表可显示为单根钢丝拉力，当定位载荷增加 10~20kN 时，机械指重表增加即 2~4kN，现场难以观察。针对该问题，改进了定位器板簧强度，将定位载荷由原来的 10~20kN 增加到 20~25kN。

3）定位器上部增加限位滤挡板

DWQ-130定位器最小内通径为40mm，而测试调配工具外径为38～40mm，因此在后期测试调配过程中测试工具探底时易发生卡阻情况。此外，为防止定位器支撑筒上行和杂物堵塞定位器，出现定位爪无法收缩的问题，在定位器上部设计了厚度5mm、带有5个ϕ10mm孔的过滤挡板（图4-33）。

4）工艺管柱改进

因定位爪最大外径为130mm，$5\frac{1}{2}$in套管内径一般为124mm，现场试验过程中出现工具下井困难的问题。

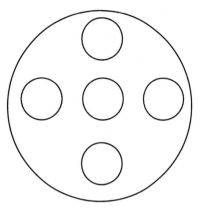

图4-33　过滤挡板

为了提高工具通过性，对工艺管柱进行了调整，在定位器下部加1～2根油管，一方面增加定位器下井时管柱自重，并起到扶正作用；另一方面增加了沉砂口袋，防止定位器因堵塞造成后期定位爪无法回收的情况。

5）优化选井依据

机械定位成功的前提是套管接箍必须存在，因此该工艺不适合腐蚀结垢严重的井，堵水调剖井要根据实际情况分析而定。但对于堵水调剖井，如果只使用弱凝胶，井筒及时得到处理的条件下，可以使用机械定位，旗87-88井成功定位佐证了这一观点。

二、分层注水封隔器

针对大斜度注水井和多级分注井的分层注水工艺问题，研发出相配套的Y341斜井封隔器、Y344封隔器、K344封隔器。同时，为了进一步提升分注工艺适应性，开展了长庆油田桥式同心分层注水工艺技术研究与试验。

1.Y341斜井封隔器

1）工具结构

该封隔器主要由锚定机构、密封总成、坐封锁紧机构三部分组成，三维图如图4-34所示。

图4-34　Y341斜井封隔器三维图

2）工作原理

Y341-114斜井封隔器采用液力坐封、上提解封的工作机制：油管内加压，液压通过导液孔作用于坐封活塞，剪断坐封销钉；坐封活塞及坐封套上行压缩胶筒封隔油、套环形空间；其后活塞套上行被锁环卡止，使封隔器始终处于工作状态；上提管柱，剪断解封销钉，封隔器解封。封隔器中心管为流体流动通道，胶筒对油套管环形空间形成压力密封，锁环锁定胶筒状态。

3）技术参数

定向井注水封隔器结构参数见表4-19。

表4-19 Y341-114斜井封隔器技术参数

连接扣型	最大外径（mm）	最小内径（mm）	总长（mm）	工作温度（℃）	工作压差（MPa）	坐封压力（MPa）	解封负荷（kN）
$2^7/_8$ inTBG	114	50	1050	120	30	15～18	40～60

4）技术特点

（1）双液缸压缩坐封方式。

Y341定向井封隔器采用双液缸压缩方式坐封，增加坐封压缩力保证封隔器完全坐封、改善封隔器胶筒在斜井段的密封效果，提高其在定向井中的可靠性。

（2）三胶筒长密封方式。

针对定向井对封隔器胶筒性能的影响，Y341定向井封隔器采用三胶筒方式密封，且胶筒长度设计为170mm（常规Y341封隔器为100～120mm）。三胶筒采用硬—软—硬的方式设计，两端硬胶筒具有扶正作用，中间软胶筒可有效解决套管内壁因结垢腐蚀密封不严的问题，有效增加胶筒密封性能，密封压差达到30MPa。

（3）防突机构设计。

Y341定向井封隔器胶筒防突机构设计如图4-35所示。胶筒两侧设计紫铜"防突机构"，防止胶筒沿轴向体积流变，增加径向膨胀体积，有效提高密封性能。封隔器坐封时，一旦胶筒变形与套管壁接触，在外载作用下，"防突"装置就会展开罩住封隔器与套管环隙，阻止胶筒朝环隙外"突出"，迫使胶筒各向均匀压缩，产生并保持胶筒较高的接触应力，获得良好的密封，实际上起到了扩大胶筒坐外半径 R_1 的作用。

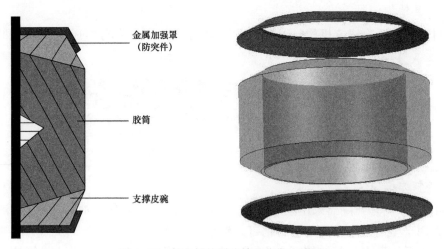

金属加强罩（防突件）

胶筒

支撑皮碗

图4-35 软金属护罩胶筒及防突三维图

图 4-36 为室内进行的防突机构性能检测。实验结果表明：采用防突机构的封隔器坐封后，胶筒和套管内壁产生的摩擦力是没有采用防突机构的 2 倍。

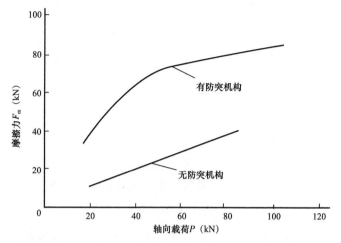

图 4-36 胶筒与套管壁摩擦力与轴向载荷关系曲线图

（4）氢化丁腈橡胶胶筒。

胶筒材料由常规的丁腈橡胶改为氢化丁腈橡胶，延长胶筒寿命。根据资料，氢化丁腈橡胶具有以下特点。

① 耐油和耐热性好。分子结构中对热敏感的化学键被去除，耐热性明显提高，保留了腈侧基（—CN），具有丁腈橡胶的耐油性能。

② 强伸性能和耐磨性能高。一般情况，氢化丁腈橡胶的抗张强度达 30MPa（未加补强剂丁腈橡胶的抗张强度达 3～4.5MPa），特别要求的，可达 60MPa（加补强剂丁腈橡胶的抗张强度达 25～30MPa）。耐磨性是普通丁腈橡胶的 1～2 倍。

③ 耐压性优于丁腈橡胶，加工性与丁腈橡胶相似。

氢化丁腈橡胶性能特点见表 4-20。

表 4-20　氢化丁腈橡胶与丁腈橡胶性能对比

性能	胶筒	
	丁腈橡胶	氢化丁腈橡胶
拉伸强度（MPa）	11.6	26.7
伸长率（%）	175	210
硬度（邵尔 A）	90	86
永久变形（%）	7.5	18.0

（5）高可靠性反洗井通道。

反洗关闭胶座采用弹簧钢和橡胶硫化结构（图 4-37），具有反洗井单向打开功能，洗井结束在注水压力下顺利关闭，性能可靠。测试结果见表 4-21。

表4-21　反洗关闭胶座室内实验情况记录

试验次数	反洗胶座开启压差 （MPa）	反洗胶座关闭压差 （MPa）	备注
20	0.6	1.5	反洗胶座开启关闭可靠，密封性能良好

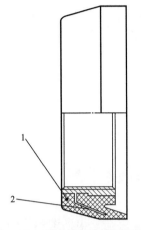

图4-37　反洗关闭胶座剖面图
1—橡胶；2—弹簧钢

2. Y344封隔器

1）工具结构

Y344-114解封洗井封隔器主要由上接头、胶筒调节环、密封胶筒（高分子保护环）、活塞、弹性锁块、解封套管、备用解封销钉等组成（图4-38）。

2）工作原理

坐封时，油管内加压，液体从弹性锁块缝隙进入缸体作用于活塞，剪断销钉，活塞上行推动下连接套压缩胶筒，同时弹性锁块的牙进入锁定套管并与锁定套管上的牙咬合，当油管内压卸掉以后，由于弹性锁块与锁定套管上的牙咬合在一起，胶筒不再反弹，实现坐封锁定。

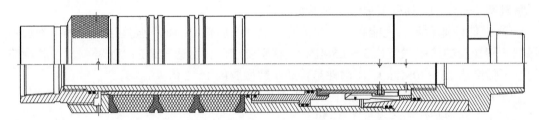

图4-38　Y344-114解封洗井封隔器示意图

解封、洗井时，洗井液从上部调节环进入推动活塞下行，活塞上锥体锥入弹性锁块，使弹性锁块撑开，弹性锁块上的牙与锁定套管上的牙脱离，胶筒在自身弹力作用下收缩解封，可以进行洗井或起管柱作业。

3）技术参数

Y344-114解封洗井封隔器技术参数见表4-22。

表4-22　Y344-114解封洗井封隔器技术参数

总长 （mm）	最大 外径 （mm）	最小 通径 （mm）	适应 套管 （in）	工作 温度 （℃）	工作 压力 （MPa）	坐封 压力 （MPa）	解封 压力 （MPa）	备用 解封 （kN）	连接 扣型 （in）
926	114	50	$5\frac{1}{2}$	120	25	≥15	1	4～5	$2\frac{7}{8}$

4）技术特点

（1）Y344-114 解封洗井封隔器，密封组件分别采用常规隔环和高分子胶筒保护隔环、保护罩，提高了封隔器承受上下压差的能力。

（2）Y344-114 解封洗井封隔器，油管加压坐封、套管加压解封，可以有效地扩大洗井通道，提高洗井效率。

（3）Y344-114 解封洗井封隔器，套管加压解封，油管加压坐封，取消了洗井阀，坐封、解封更灵活可靠，有效地避免了阀打不开或关不严的情况发生。

（4）Y344-114 解封洗井封隔器，套管加压解封，可以有效避免解封不彻底或未解封造成起管柱遇阻事故发生。

3. K344 封隔器

1）工具结构

K344 系列长胶筒扩张式注水封隔器主要由上接头、中心管、过滤套、解封活塞、上钢碗、胶筒总成、下钢碗、自封体、下接头等组成（图4-39）。

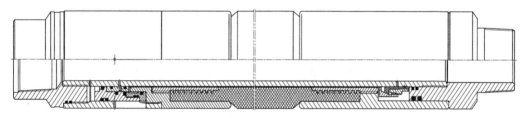

图 4-39　K344-110 长胶筒扩张式封隔器三维图

2）工作原理

封隔器坐封时液体从中心管过流孔进入，经自封体推动下钢碗上行，使胶筒被压缩，同时，液体由中心管进液孔经中心管与胶筒之间缝隙进入胶筒内，使胶筒扩张，当内压撤出后，自封体封住胶筒内的液体，胶筒不再回弹，实现坐封。

封隔器解封时，洗井液从上部过滤套进入，推动解封活塞上行，使胶筒内腔与中心管的排液孔连通，胶筒内液体流入中心管，胶筒回弹，封隔器解封，可进行洗井或起出管柱作业。

3）技术参数

K344-110 长胶筒扩张式封隔器技术参数见表4-23。

表 4-23　K344-110 长胶筒扩张式封隔器技术参数

型号	钢体外径（mm）	工具长度（mm）	最小通径（mm）	坐封压力（MPa）	解封压力梯度（MPa/km）	承受压差（MPa）	工作温度（℃）	连接扣型（in）	适用套管（in）
K344-110	110	1202～1473	48	3～4	1.2	35/40	120	$2\frac{7}{8}$	$5\frac{1}{2}$

4）技术特点

（1）坐封密闭不受油管压力波动影响，密封可靠，确保分层测压、验封的顺利进行。

（2）设置过滤套改善了活塞的工作条件，起到了防砂的目的。

（3）封隔器解封洗井，洗井更加彻底。

第五章　低渗透油田欠注井增注技术

基质酸化是提高注水井注入能力的重要技术手段，目前已经形成了多段塞注入的常规酸化模式。注水井采用常规酸化作业模式时，存在多段酸液体系的配置，作业工序多、占井时间长、动员人数多，环境风险大。螯合酸在线酸化增注可以实现单一酸液段塞、泵注简单、施工效率高。

第一节　螯合酸在线酸化技术

长庆姬塬油田长 8 储层为我国典型超低渗透注水开发油藏，注水井超压欠注矛盾非常突出，降压增注措施刻不容缓。超低渗透储层形成注水高压的原因很多，如储层本身的渗透率、储层岩石特征、储层孔隙及填隙物特征、注入液与储层岩石的配伍性、注入液与地层水的配伍性等。在不同的油藏中，各因素对地层的伤害程度都有很大的差异。基质酸化是提高注水井注入能力的重要技术手段，目前已经形成了多段塞注入的常规酸化模式。注水井采用常规酸化作业模式时，其典型施工程序为依次注入前置液、处理液、后置液三段酸液体系，但通过多井次的常规酸化作业发现常规酸化存在酸化作业时间长、作业程序复杂、作业环境要求高、动复员麻烦和协调难度大等问题，同时动用大量酸罐、管汇等庞大设备，进行频繁的酸化解堵作业，不仅费时费力，费用昂贵，而且进行多井次、多层次几种酸化作业时，常规酸化模式往往由于注液过程复杂、注液量大等问题而显得力不从心[16-20]。通过大量的室内实验研究和技术攻关，提出了一种新型的适合注水井连续注入酸化工艺技术的酸液体系——COA 酸液体系（Chelate Online Acid，螯合酸在线酸化），该体系可有效解决注入水与地层水不配伍产生结垢、注入水中的机械杂质堵塞、细菌堵塞等问题。此酸可以直接加入注入水中，随着注入水到达地层，在地层中释放 H^+ 进行酸化，可以达到深穿透的效果。此工艺能大大简化施工工艺，减少需要运输的储罐，提高酸液的使用效率，降低人力和资金成本等。

一、COA 螯合酸酸液体系

COA 酸液体系是由盐酸、有机酸、有机磷酸、螯合酸、氢氟酸以及相应氟盐等药剂配置而成，其为多元弱酸，适应于砂岩地层。其具有能同金属配合的 24 个 O，12 个 OH—和 6 个 PO_4^{3-}，属于多齿螯合剂，易形成多个螯合环，且络合物在广泛 pH 值范围内皆具有极强稳定性。COA 螯合酸中每个 P 原子上有两个易离解的羟基，它们同 P 原子的 π 键键合较弱，彼此间的影响较小，可以和金属离子配位，从而产生多核络合物。根据软

-67-

硬酸碱"硬亲硬，软亲软"的原则，属于硬碱的有机酸和属于硬酸的 Ca^{2+}、Mg^{2+}、Al^{3+}、Fe^{3+}、Na^+ 金属阳离子能生成稳定的络合物。COA 体系的分子中还含有 N、O 等杂原子，电负性较大，杂原子上还有未共用电子对，其能与金属缺电子的 d 轨道反馈成键，与金属元素形成络合物，从而减少二次沉淀。

COA 体系的水解平衡常数仅为 1.4×10^{-6} 左右，故水解平衡时氢氟酸的浓度很低，随着生成的氢氟酸消耗于与黏土矿物的作用，平衡被破坏。为了保持水解平衡，COA 体系不断地生成氢氟酸与地层砂岩矿物作用。由于 COA 体系酸液的水解反应速度很慢，故可以在酸化中达到深穿透目的。

HCl 的酸度曲线只有一个突变点，而且曲线的突变部分是很陡峭的，几乎为直线，表明 HCl 是一元强酸，而且在溶液中 H^+ 是处于全部离解状态。COA 的酸度曲线有多个突变点，而且突变部分是平滑的，说明 COA 是多元弱酸，在溶液中 H^+ 是部分离解出来的，在加入 NaOH 的过程中随着 H^+ 的消耗，溶液中还会有 H^+ 逐渐离解以达到离解平衡。从 HCl 和 COA 的酸度曲线对比看出（图 5-1），HCl 的初始 pH 值比 COA 低，就是说 HCl 溶液中 H^+ 浓度比 COA 中的高。COA 随着 H^+ 的消耗会逐渐再电离出 H^+，而 HCl 不会再有 H^+ 离解出来。

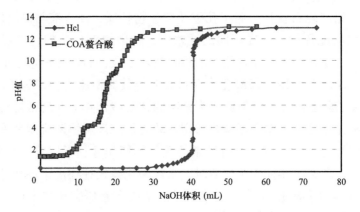

图 5-1　COA 与 3%HCl 酸度对比曲线

1. 酸液浓度评价

酸对岩石的溶蚀特性表征的是酸液实际可溶解岩石量的多少，用溶蚀率表示。酸液不同，岩石不同，溶蚀率不同。酸液浓度的高低决定了对储层可溶矿物的溶解量及酸化中酸的用量。对储层岩心进行溶蚀实验，主要是为了了解各种酸液对岩心中可溶物的溶蚀率大小，从而初步确定酸液浓度。

溶蚀性实验是在理想实验情况下进行的，反映的是酸液对地层的最大溶解性。然而在实际酸化操作中，与流动路径有关的每种矿物的岩石骨架中岩石结构和位置以及温度等会导致矿物具有不同溶解性。酸液浓度的确定除通过溶蚀性确定外，还应根据储层岩石结构、储层流体特性等进行综合分析。

选取长庆岩粉样，在 COA 酸液体系下实验 2h，得到的溶蚀数据见表 5-1。

表 5-1　溶蚀实验数据

岩石类型	酸液类型	滤纸质量（g）	黏土矿物质量（g）	溶蚀后总质量（g）	溶蚀率（%）
蒙皂石	COA：水 =1：3	0.937	5.033	4.793	23.39
	COA：水 =1：2	0.913	4.932	4.586	25.53
	COA：水 =1：1.5	0.940	5.040	4.387	31.61
伊利石	COA：水 =1：3	0.915	5.080	5.720	5.41
	COA：水 =1：2	0.932	5.011	5.638	6.09
	COA：水 =1：1.5	0.941	5.049	5.510	9.51
高岭石	COA：水 =1：3	0.918	5.000	4.531	27.74
	COA：水 =1：2	0.903	5.020	4.464	29.06
	COA：水 =1：1.5	0.942	4.998	4.319	32.43
绿泥石	COA：水 =1：3	0.934	5.043	5.310	13.23
	COA：水 =1：2	0.934	5.019	5.035	18.29
	COA：水 =1：1.5	0.935	5.013	5.022	18.47
石英	COA：水 =1：3	0.913	5.023	5.893	0.86
	COA：水 =1：2	0.930	4.990	5.707	4.27
	COA：水 =1：1.5	0.932	5.000	5.588	6.88
长石	COA：水 =1：3	0.935	5.015	5.685	5.28
	COA：水 =1：2	0.947	5.010	5.293	13.25
	COA：水 =1：1.5	0.931	5.008	5.280	13.16

　　由图 5-2 可以看出，COA 与水配比在 1：1.5～1：3 之间，对单矿物的溶蚀率随酸液配比变化不大，推荐现场使用的酸液配比为 COA：水 =1：1.5～1：2。

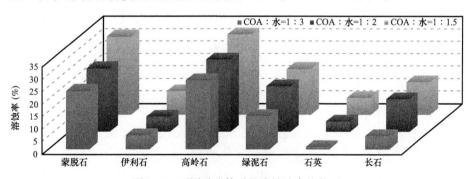

图 5-2　不同酸液体系的溶蚀速率柱状图

2.酸液体系有效作用时间评价

1）酸液有效作用时间研究

在地层温度条件下，酸岩反应速度更快，这对酸液体系的有效作用时间提出更高的要求，因此有必要研究酸液长效作用时间溶蚀率。作用时间分别为1h、2h、3h、4h，温度为60℃。

从图5-3中可以看出：土酸溶蚀率为16.45%～20.57%，当作用时间分别为1h、2h、3h、4h时，溶蚀率分别为16.45%、17.36%、18.84%、20.57%，溶蚀较快，有效作用时间短；而COA溶蚀率为9.28%～16.47%，当作用时间分别为1h、2h、3h、4h时，溶蚀率分别为9.28%、10.57%、13.48%、16.47%，表现出较强的缓速性能，有效作用时间长，有利于深部酸化。

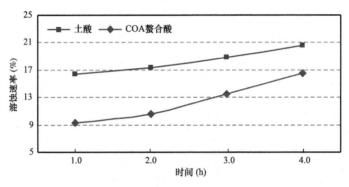

图5-3　酸液体系长效作用时间图

2）酸液有效作用时间微观分析

选择酸液类型时，首选考虑储层岩性、岩石矿物成分和伤害情况，并结合油井条件及工艺实施难度等因素综合考虑而定。砂岩储层一般由硅酸盐类颗粒、石英、长石、黏土、碳酸盐胶结物等组成。常用酸液来溶解胶结物、孔隙中充填的黏土矿物或堵塞物，达到改善储层渗流能力的目的。砂岩酸化通常采用HCl和HF，或能产生HF的缓速酸液进行。在组成砂岩的矿物中，黏土的表面积非常大，与酸液的接触面积大，反应速度较快。HCl主要溶解碳酸盐胶结物，HF几乎可溶解所有砂岩矿物，尤其是对黏土矿物和胶结物具有高溶解性。表5-2给出了各种黏土和微粒的主要成分及比表面积数据。

表5-2　各种黏土和微粒的主要成分及比表面积

微粒矿物	主要成分	比表面积（m²/g）
石英	Si、O	15
高岭石	Al、Si、O、H	22
绿泥石	Mg、Fe、Al、Si、O、H	60
伊利石	K、Al、Si、O、H	113
蒙皂石	Na、Mg、Ca、Al、Si、O、H	82

实验方案：称取10g黏土矿物（蒙皂石、伊利石、绿泥石、高岭石），将其置于105℃烘箱中24h后，置于干燥器中直至其冷却，再将酸液和黏土、岩粉按照1∶10的比例混合，在95℃水浴锅中恒温处理30min，将溶蚀后的黏土置于烘箱中烘干，并通过扫描电镜（SEM）对黏土矿物表面的微观结构进行分析，结合能谱分析对黏土表面生成的薄膜元素的种类和含量进行分析。

3）实验结果

（1）高岭石表面的薄膜。高岭石是最常见的黏土矿物，结晶较好的高岭石在扫描电镜下呈全自形六方板状晶体，单个晶体大小为1μm左右，高岭石多分布在粒间，以粒间胶结物的形式产出，少量分布在粒表。高岭石的化学成分比较稳定，主要成分是SiO_2和Al_2O_3。COA酸液体系在高岭石表面生成的薄膜情况如图5-4所示。

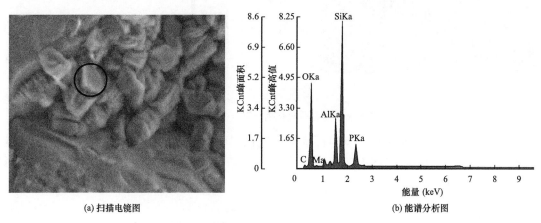

(a) 扫描电镜图　　　　　　　　　　　(b) 能谱分析图

图5-4　高岭石酸化后SEM和能谱分析图

（2）蒙皂石表面的薄膜。蒙皂石一般分布于粒表，有时也与高岭石或其他矿物分布于粒间孔隙中。它的主要形态有蜂窝状、网状、卷曲片状和絮状。蒙皂石中K_2O含量仅为0.5%左右。COA酸液体系在蒙皂石表面生成的薄膜情况如图5-5所示。

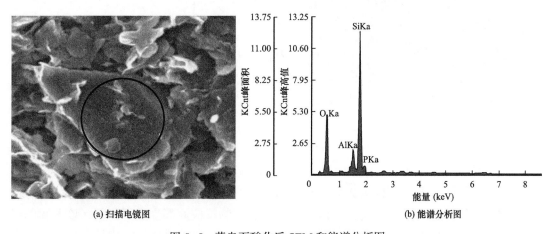

(a) 扫描电镜图　　　　　　　　　　　(b) 能谱分析图

图5-5　蒙皂石酸化后SEM和能谱分析图

（3）绿泥石表面的薄膜。绿泥石矿物在含油气盆地中一般分布在 2500m 以下，其形态多样，常见的有叶片状、绒球状、针叶状、玫瑰花状和叠层状等，绿泥石矿物有时分布在粒间，以粒间胶结物的形式出现，有时分布在粒表，与高岭石、石英等其他矿物共存。其主要成分为 SiO_2、Al_2O_3、FeO 和 MgO。COA 酸液体系在绿泥石表面生成的薄膜情况如图 5-6 所示。

(a) 扫描电镜图 (b) 能谱分析图

图 5-6 绿泥石酸化后 SEM 和能谱分析图

（4）伊利石表面的薄膜。伊利石矿物在沉积岩中分布较广，具有随埋深增加而增多的趋势，伊利石的主要形态有片状、丝状和杂乱毛发状等，其主要成分为 SiO_2、K_2O 和 Al_2O_3，K_2O 含量高是伊利石矿物的重要的鉴定标志。COA 酸液体系在伊利石表面生成的薄膜情况如图 5-7 所示。

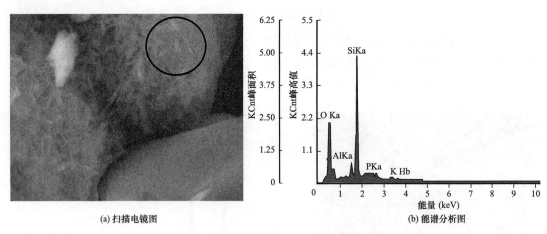

(a) 扫描电镜图 (b) 能谱分析图

图 5-7 伊利石酸化后 SEM 和能谱分析图

COA 体系在各黏土表面生成薄膜的元素含量统计见表 5-3。

能谱分析图谱中横坐标为元素跃迁能级，纵坐标为计数率，积分面积为元素含量。以上电镜图和能谱图说明，COA 酸液体系与黏土矿物反应后都生成了薄膜，该薄膜的组成元素都为 O、P、Si、Al，资料表明该膜为铝—硅—磷酸盐物质，它能紧密吸附在黏土矿物表面，暂时阻止酸岩反应，有效提高活性酸液穿透深度，保护岩石骨架的完整性。

表 5-3　COA 在各黏土矿物表面上生成薄膜的元素含量

元素	高岭石		蒙皂石		伊利石		绿泥石	
	质量分数（%）	原子分数（%）	质量分数（%）	原子分数（%）	质量分数（%）	原子分数（%）	质量分数（%）	原子分数（%）
C K	0.56	0.90	0	0	0	0	0	0
O K	30.36	38.15	39.45	49.52	40.74	51.19	29.58	39.21
Al K	16.83	12.52	0.97	5.90	10.42	7.76	16.78	13.62
Si K	46.87	33.54	48.77	34.88	36.87	26.39	39.98	30.16
P K	5.38	1.94	3.85	1.39	8.15	2.94	7.26	2.43
Mg K	0	0	0	0	1.44	1.18	0	0
K K	0	0	0	0	0	0	7.26	2.43

3. 新型复合型螯合剂评价

螯合是指配体与金属离子间的一种络合，配体通常可以提供一个或多个基团与金属离子进行配位而形成稳定的空间环状结构。二次、三次沉淀的生成往往与金属离子有关，因此在对沉淀进行抑制性能评价时，必须要对金属离子螯合能力进行研究。COA 是一种氨基酸类有机酸，其与金属离子间相互作用是一种螯合反应，图 5-8 为 COA 的分子结构图。

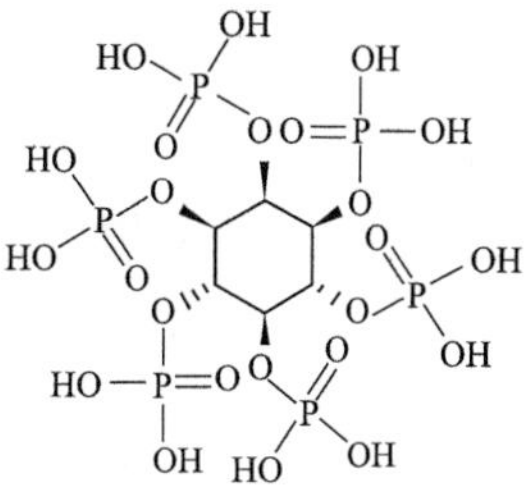

图 5-8　COA 分子结构

金属离子螯合能力主要评价酸液对酸化过程中可能出现的金属离子稳定能力，重点研究对钙、镁、铁稳定能力。由于有机土酸体系和 COA 酸液体系中抑制沉淀物的物质类型不一样，因此，评价方式是通过两种不同的方法进行的。

1）钙离子螯合能力评价

（1）土酸体系对钙离子螯合能力测定。

取 50mL 土酸，放置于锥形瓶中。向酸液中分别加入一定量的 1mol/L 的 NaOH 溶液，调节 pH 值到 2，再将 1g $CaCl_2$ 固体加入锥形瓶溶液中，观察酸液的沉淀情况，放在 90℃高温下 2h，然后将酸液进行过滤。

表 5-4 给出了土酸对钙离子的沉淀抑制率测定结果，在 pH 值调高的情况下，生成 CaF_2 沉淀，理论生成沉淀量为 0.7027g，实际生成沉淀量为 0.6781g，经计算得到土酸对钙离子沉淀抑制能力（螯合能力）为 0.252mg/g，说明土酸不具备螯合钙离子的能力。

表 5-4　钙离子沉淀抑制率测定结果

酸液类型	理论生成沉淀量（g）	滤纸质量（g）	烘干质量（g）	沉淀量（g）	钙离子螯合能力（mg/g）
12%HCl+2%HF	0.7027	0.9742	1.6523	0.6781	0.252

（2）COA 酸液对钙离子螯合能力测定。

准确称取 2.0g COA 原酸，加入去离子水并定容至 500mL 容量瓶，用移液管吸取 100mL 至锥形瓶中，加入 NH_3-NH_4Cl 缓冲溶液调节 pH 值为 10 左右，再加入 1～2 滴混合指示剂，用乙酸钙标准溶液滴定至紫红色为终点。

NH_3-NH_4Cl 缓冲溶液：称取 54g 氯化铵加入 350mL 氨水中，用水定容至 1000mL，溶液 pH 值为 10。

乙酸钙标准溶液浓度为 0.25mol/L。

混合指示剂：氯化钾、萘酚绿、B 酸性铬蓝 K（40：2：1，质量比）。螯合钙的能力以样品螯合 Ca^{2+} 的量表示，数值单位为 mg/g，按式（5-1）计算：

$$w(\text{Ca}) = \frac{C_1 V_1 M V_2}{m_1 V_3} \qquad (5-1)$$

式中　C_1——乙酸钙溶液浓度，mol/L；

　　　V_1——消耗乙酸钙体积，mL；

　　　M——钙的摩尔质量，g/mol；

　　　m_1——样品质量，g；

　　　V_2——500mL 容量瓶校准后的准确体积数值，mL；

　　　V_3——100mL 移液管校准后的准确体积数值，mL。

表 5-5 列出了钙离子螯合能力数据。综合两组实验可以看出，土酸对钙离子螯合能力基本没有，而 COA 对钙离子螯合能力很强，通过三次滴定实验结果可以看出，COA 对钙离子螯合能力最高达到 255mg/g，平均为 253.3mg/g。

表 5-5　钙离子螯合能力

样品编号	乙酸钙体积（mL）	钙离子螯合能力（mg/g）	平均（mg/g）
1	10.1	252.5	
2	10.2	255.0	253.3
3	10.1	252.5	

2）镁离子螯合能力评价

（1）土酸体系对镁离子螯合能力测定。

取 50mL 配置好的土酸，放置在锥形瓶中。向酸液中分别加入一定量的 1mol/L 的 NaOH 溶液，调节 pH 值到 2，再将 1g $MgCl_2$ 固体分别加入两个锥形瓶溶液中，如果没有产生沉淀，继续加入，观察酸液的沉淀情况。

表 5-6 给出了土酸对镁离子的沉淀抑制率测定结果，在 pH 值调高的情况下，生成 MgF_2 沉淀，理论生成沉淀量为 0.6526g，实际生成沉淀量为 0.6354g，经计算得到土酸对镁离子沉淀抑制能力（螯合能力）为 0.1332mg/g，说明土酸不具备螯合镁离子的能力。

表 5-6　镁离子沉淀抑制率测定结果

酸液类型	理论生成沉淀量 （g）	滤纸质量 （g）	烘干质量 （g）	沉淀量 （g）	镁离子螯合能力 （mg/g）
12%HCl+2%HF	0.6526	0.9816	1.6170	0.6354	0.1332

（2）COA 酸液对镁离子螯合能力测定。

称取 2g COA 原酸，用水稀释到 50mL，加入 5mL NH_3-NH_4Cl（pH 值 =11）的缓冲溶液。用 0.5mol/L Mg^{2+} 标准溶液滴定至浑浊（持续 30s 以上），即为终点，记录所消耗的镁标准溶液的体积 V（mL）。0.5mol/L 标准溶液配制：准确称取结晶氯化镁（$MgCl_2 \cdot 6H_2O$）101.5g，用蒸馏水稀释至 1L。NH_3-NH_4Cl（pH 值 =11）的缓冲溶液配制：用蒸馏水溶解 6g 纯 NH_4Cl 和 414mL 氨水，该缓冲溶液 pH 值为 11，用容量瓶定容到 1000mL。

结果处理：

$$w(Mg) = \frac{12V}{W} \tag{5-2}$$

式中　V——消耗的镁标准溶液体积，mL；

　　　W——样品质量，g。

通过三次滴定实验结果可以看出（表 5-7），COA 螯合酸液对镁离子螯合能力最高达到 159mg/g，平均为 158mg/g。

表 5-7　镁离子螯合能力

编号	标准液体积 （mL）	镁离子螯合能力 （mg/g）	平均 （mg/g）
1	26.5	159.0	
2	26.2	157.2	158.0
3	26.3	157.8	

3）铁离子螯合能力评价

（1）土酸体系对铁离子的螯合能力测定。

取 50mL 配置好的土酸，放置在锥形瓶中。向酸液中分别加入一定量的 1mol/L 的 NaOH 溶液，调节 pH 值到 2，再将 1g $FeCl_2$ 固体加入锥形瓶溶液中，观察酸液的沉淀情况。

表 5-8 给出了土酸对铁离子的沉淀抑制率测定结果，在 pH 值调高的情况下，生成 $FeCl_3$ 沉淀，理论生成沉淀量为 0.7401g，实际生成沉淀量为 0.7249g，经计算得到土酸对铁离子沉淀抑制能力（螯合能力）为 0.3040mg/g，说明土酸不具备螯合铁离子的能力。

表 5-8　铁离子沉淀抑制率测定结果

酸液类型	理论生成沉淀量 （g）	滤纸质量 （g）	烘干质量 （g）	沉淀量 （g）	铁离子螯合能力 （mg/g）
12%HCl+2%HF	0.7401	0.9771	1.7020	0.7249	0.3040

（2）COA 酸液对铁离子螯合能力测定。

称取 2g COA 原酸，加入去离子水并定容至 500mL 容量瓶，取 5mL 混合溶液于 250mL 锥形瓶中，加入 50mL 去离子水，移取 10mL $NH_4Fe(SO_4)_2 \cdot 12H_2O$ 溶液和 2 滴 $C_7H_6O_6S \cdot 2H_2O$（磺基水杨酸）指示剂，用 EDTA 标准溶液滴定至黄色为终点。

标准溶液：0.1mol/L 十二水硫酸铁铵溶液；0.05mol/L EDTA 标准溶液；2% 磺基水杨酸溶液。

铁离子螯合能力计算公式如下：

$$w(\text{Fe}) = 0.0559 \times 10^3 \frac{(V_2 - V_1)C_2 V_3}{m_2 V_4} \qquad (5-3)$$

式中　V_1——消耗 EDTA 标准溶液体积，mL；

　　　V_2——空白实验消耗 EDTA 标准溶液体积，mL；

　　　C_2——EDTA 标准溶液浓度，mol/L；

　　　m_2——样品质量，g；

　　　V_3——500mL 容量瓶校准后体积，mL；

　　　V_4——5mL 移液管校准后体积，mL。

通过三次滴定实验结果可以看出（表 5-9），COA 对铁离子螯合能力最高达到 447.2mg/g，平均为 442.5mg/g。

表 5-9　铁离子螯合能力

编号	消耗 EDTA 体积 （mL）	空白 EDTA 体积 （mL）	铁离子螯合能力 （mg/g）	平均 （mg/g）
1	15.2	18.4	447.2	
2	15.3	18.4	433.2	442.5
3	15.2	18.4	447.2	

4）螯合剂螯合能力对比评价

将新型 COA 酸液与常规的螯合剂对钙、镁、铁螯合性能进行对比，结果见表 5-10。

表 5-10　各种螯合剂对 Ca^{2+}、Mg^{2+}、Fe^{3+} 的螯合情况

螯合剂类型	Ca^{2+} 螯合能力 （mg/g）	Mg^{2+} 螯合能力 （mg/g）	Fe^{3+} 螯合能力 （mg/g）
羟乙基乙二胺三乙酸盐	140.0	65.0	145.0
二羟乙甘氨酸盐	116.0	70.0	165.0
水解聚马来酸酐	146.0	55.0	215.0
柠檬酸铵	104.0	104.0	115.0
COA	253.3	158.0	442.5

从表 5-10 中数据可以看出：COA 对钙、镁、铁的螯合能力最强，尤其对钙、铁的螯合能力远高于其他的螯合剂，对钙、铁的高效螯合能够防止酸化过程中钙、铁离子二次沉淀。

4. COA 酸液体系沉淀抑制性能评价

砂岩酸化过程中二次沉淀的生成是不可避免的，在常规基质酸化处理过程中，首先注入前置液，也是为降低二次沉淀的产生。当矿物与氢氟酸反应时，有许多二次产物形成。当酸液随着反应进行不断消耗后，引起 pH 值的升高，从而进一步增大沉淀生成的可能性。所以二次沉淀的抑制性能成为连续注入酸液体系研究的重点。通过对二次、三次沉淀的归纳和分析，可将沉淀分为金属氟化物、氟硅酸盐、氟铝酸盐、氢氧化物、金属离子沉淀五类，因此本节重点研究有机土酸、COA 对这五类沉淀的抑制能力。在砂岩酸化过程中最常用的为土酸体系，因此在本节对沉淀抑制能力评价过程中以土酸为基准，计算其他酸液相对土酸的抑制能力。

1）氟化物沉淀抑制性能研究

砂岩储层酸化可能会生成的金属氟化物主要有：CaF_2、MgF_2、NaF、KF，其中 NaF 的溶解度为常温下 4.06g，KF 在 20℃下的溶解度为 94.9g。这类沉淀可在酸化开始阶段的酸性环境中生成，沉淀生成区域接近井眼附近，对于酸化作用范围和储层伤害都有较大的影响，此研究中以氟化钠为主。

实验方法：分别取土酸、氟硼酸、多氢酸、有机土酸体系及 COA 溶液各 20mL 放置在试管中，四种酸液有效含氟量一致（氟电极测定），在四种酸液中分别加入 1g Na_2CO_3，然后再加入 1g Na_2CO_3，观察两次加入 Na_2CO_3 后沉淀情况，再将四个试管放置在 90℃水浴锅中 2h，观察沉淀的变化情况。待反应完毕后进行过滤、烘干并称重，计算沉淀抑制率（表 5-11）。

表 5-11　不同酸液沉淀抑制性能研究

酸液类型	未加 Na_2CO_3		第一次加 Na_2CO_3		第二次加 Na_2CO_3	
	pH 值	有无沉淀	pH 值	有无沉淀	pH 值	有无沉淀
土酸	0.50	无	1.50	浑浊	2.05	浑浊
氟硼酸	0.65	无	2.36	无	4.38	逐渐生成沉淀
多氢酸	0.50	无	1.50	无	1.85	乳浊液
有机土酸	0.40	无	0.87	无	1.65	乳浊液
COA	0.50	无	0.98	无	1.50	乳浊液

由图 5-9 可知，有机土酸、COA 和多氢酸酸液体系对沉淀具有良好的悬浮性，且有机土酸体系、COA 在高温下表现出良好的抑制二次沉淀的作用。

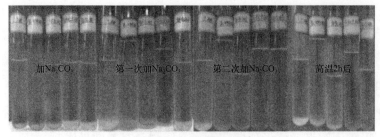

图 5-9　沉淀抑制性能
试管从左至右分别为土酸、氟硼酸、多氢酸、有机土酸、COA

表 5-12 给出了不同酸液对 NaF 沉淀抑制率测试结果。常温下，各酸液体系中均有氟化物沉淀生成，在加入相同质量的 Na_2CO_3 后，土酸最开始产生沉淀，其次为氟硼酸，其对氟化物的沉淀抑制率大小为：COA＞有机土酸＞多氢酸＞氟硼酸＞土酸。由表 5-12 可知，有机土酸体系和 COA 对氟化物沉淀表现出良好的抑制性，尤其是 COA。

表 5-12　NaF 沉淀抑制率测定

酸液类型	滤纸质量（g）	烘干质量（g）	沉淀量（g）	沉淀抑制率（%）
土酸	1.0405	1.5990	0.5585	0
氟硼酸	1.0525	1.3814	0.3289	41.11
多氢酸	1.0514	1.3694	0.3180	43.06
有机土酸	1.0455	1.2970	0.2515	54.97
COA	1.0635	1.2237	0.1602	71.31

2）氟硅酸盐沉淀抑制能力研究

当 Na^+、K^+、Ca^{2+}、Mg^{2+} 等离子浓度足够高时，氟硅化合物或氟铝化合物就能与黏土和正长石中释放的金属离子反应，从而形成氟硅酸盐和氟铝酸盐沉淀。因此，实验过程中必须要进行氟硅酸盐沉淀抑制的评价，常见的生成氟硅酸盐和氟铝酸盐的反应方程式如下所示：

$$2Na^+ + SiF_6^{2+} \rightleftharpoons Na_2SiF_6, K_g=4.4\times10^{-6} \tag{5-4}$$

$$2K^+ + SiF_6^{2+} \rightleftharpoons K_2SiF_6, K_g=2\times10^{-8} \tag{5-5}$$

$$3Na^+ + AlF_3 + 3F^- \rightleftharpoons Na_3AlF_6, K_g=8.7\times10^{-18} \tag{5-6}$$

$$2K^+ + AlF_4 + F^- \rightleftharpoons K_2AlF_5, K_g=7.8\times10^{-10} \tag{5-7}$$

式中　K_s——溶解常数。

实验方法：分别配制土酸、氟硼酸、多氢酸、有机土酸体系及 COA 溶液各 20mL 放置在试管中，在四种酸液中分别加入 1mol/L 的 Na_2SiO_3 溶液，观察沉淀的产生情况。然后将四种酸液于 90℃水浴锅中水浴 2h，然后观察沉淀情况，结果见表 5-13。

表 5-13 加入不同体积的硅酸钠溶液后的混合液沉淀情况

酸液类型	1mL	2mL	3mL	4mL	5mL	6mL
土酸	澄清、透明	澄清、透明	微浑	沉淀	沉淀	沉淀
氟硼酸	澄清、透明	澄清、透明	澄清、透明	微浑	沉淀	沉淀
多氢酸	澄清、透明	澄清、透明	澄清、透明	澄清、透明	微浑	沉淀
有机土酸	澄清、透明	澄清、透明	澄清、透明	澄清、透明	微浑	浑浊
COA	澄清、透明	澄清、透明	澄清、透明	澄清、透明	微浑	微浑

通过在五种酸液中加入硅酸钠溶液，发现五种酸液对氟硅酸盐沉淀的抑制能力为：COA＞有机土酸体系＞多氢酸＞氟硼酸＞土酸，其中 COA 对沉淀抑制能力最强，其次为有机土酸。

3）氟铝酸盐沉淀抑制能力研究

氟铝酸盐是三次反应后形成的沉淀，其典型反应式如下：

$$3Na^+ + AlF_3 + 3F^- \Longleftrightarrow Na_3AlF_6 \qquad (5-8)$$

根据氟铝酸盐产生的离子反应式，可得出 AlF_3 的产生对氟铝酸盐沉淀的产生至关重要。因此对 AlF_3 沉淀的产生情况进行研究，可以间接反映出氟铝酸盐的沉淀情况，分别配制五种酸液，然后分别取 20mL 酸液于试管中，各加入 1g 的 $Al_2(SO_4)_3$ 固体，照相后将五个试管放置在 90℃水浴锅中水浴 2h，2h 后观察沉淀的变化情况。将反应后的液体过滤并称重，计算溶解率。

由图 5-10 和表 5-14 可以看出，五种酸液对 AlF_3 沉淀的抑制率大小为：有机土酸体系＞多氢酸＞COA＞氟硼酸＞土酸，其中有机土酸体系对 AlF_3 沉淀的抑制能力最强。因此，可以间接反映出有机土酸体系对氟铝酸盐沉淀抑制能力最强。

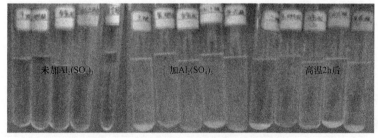

图 5-10 氟铝酸盐沉淀抑制能力评价
试管从左至右分别为土酸、氟硼酸、多氢酸、有机土酸、COA

表 5-14 AlF₃ 沉淀抑制率测定

酸液类型	滤纸质量 （g）	烘干质量 （g）	沉淀量 （g）	沉淀抑制率 （%）
土酸	0.9684	1.0494	0.0810	0
氟硼酸	0.9663	1.0325	0.0662	18.27
多氢酸	0.9685	1.0231	0.0546	32.59
有机土酸	0.9646	1.0090	0.0444	45.19
COA	0.9516	1.0123	0.0607	25.06

4）氢氧化物沉淀抑制能力研究

砂岩储层酸化过程中，氢氧化物沉淀以氢氧化铁及氢氧化铝最为常见，研究表明在酸化后期当 pH 值上升时，$Fe(OH)_3$ 在 pH 值大于 2.2 时即会沉淀，而 $Al(OH)_3$ 在 pH 值为 3 时开始沉淀。

实验方法：分别配制 0.5mol/L 的 $FeCl_3$、$AlCl_3$ 溶液，四种酸液即盐酸、有机酸（甲酸）、多氢酸、COA（每种酸液均调 pH 值至 0.5 左右），各种酸液和盐类各取 30mL 混合，用 1mol/L 的 NaOH 溶液进行滴定，直到产生沉淀为止，记录 NaOH 溶液的用量。同时，将滴定后产生沉淀的液体进行过滤，并计算溶解率。

（1）氢氧化铝沉淀抑制性。

如表 5-15 和图 5-11 所示，当四种酸液体系滴定到相同的 pH 值情况下，COA 产生的沉淀量较小，溶液较澄清，而其他三种酸液可以看到比较明显的浑浊，从表 5-15 中数据可以看出：COA 在 pH 值为 4.5 时才开始产生沉淀，而盐酸在 pH 值为 3.0 时即已产生沉淀，有机土酸体系与多氢酸在 pH 值为 3.5 时开始产生沉淀。可以看出 COA 在 pH 值为 4.5 下才开始沉淀，同时相比于盐酸对沉淀的抑制率达到 79.22%，当酸化过程中酸液 pH 值逐渐升高后，COA 能够很好地抑制沉淀物的产生。四种酸液体系对 $Al(OH)_3$ 的抑制能力大小为：COA＞多氢酸＞有机土酸体系＞盐酸。

表 5-15 Al（OH）₃ 沉淀抑制

酸液类型	开始沉淀时 pH 值	沉淀量 （g）	沉淀抑制率 （%）
盐酸	3.0	6.7691	0
有机土酸	3.5	2.9153	56.93
多氢酸	3.5	2.0690	69.43
COA	4.5	1.4069	79.22

图 5-11 不同酸液对氢氧化铝沉淀抑制照片

广口瓶从左至右分别为盐酸、有机土酸、多氢酸、COA

（2）氢氧化铁沉淀抑制性。

如表 5-16 和图 5-12 所示，当四种酸液体系滴定到相同的 pH 值情况下，COA 产生的沉淀颜色较浅，盐酸产生的沉淀颜色很深，从表 5-16 中数据可以看出：COA 在 pH 值为 4.0 时才开始明显观察到沉淀的产生，而盐酸在 pH 值为 2.5 左右时就可明显观察到有沉淀的产生，有机土酸体系与多氢酸在 pH 值为 3.0 时观察到沉淀的产生，多氢酸比有机土酸体系要略好。通过分析可知 COA 对氢氧化铁的抑制能力很强，同时相比于盐酸对沉淀的抑制率达到 51.54%，当酸化过程中酸液 pH 值逐渐升高后，COA 能够很好地抑制沉淀物的产生。四种酸液体系对 Fe（OH）$_3$ 的抑制能力大小为：COA＞多氢酸＞有机土酸体系＞盐酸。

表 5-16 Fe（OH）$_3$ 沉淀抑制

酸液类型	沉淀时 pH 值	沉淀量 （g）	沉淀抑制率 （%）
盐酸	2.5	4.2354	0
有机土酸	3.0	2.9382	30.63
多氢酸	3.0	2.8219	33.37
COA	4.0	2.0523	51.54

图 5-12 不同酸液对氢氧化铁沉淀抑制照片

广口瓶从左至右分别为盐酸、有机土酸、多氢酸、COA

5. COA 酸液体系综合性能评价

在确定了酸液浓度之后，必须对酸液体系的综合性能进行评价。一般对酸液配方的基本性能要求是：与地层流体配伍、稳定铁离子性能强、防膨性能好、腐蚀较低。

1）COA 配伍性能评价

（1）实验条件。

实验温度：室温、60℃（地层温度 60℃）。

添加剂：缓蚀剂、铁离子稳定剂、黏土稳定剂、助排剂和破乳剂。

酸量：10mL。

（2）实验结果。

由表 5-17 可以看出，加入各种添加剂后，COA 酸液均与添加剂具有良好的配伍性，在一定的时间内，具有较好的稳定性。

表 5-17　配方酸液的配伍性实验结果

酸液类型	酸液配方	温度	颜色	透明度	沉淀	分层
盐酸	12%HCl+ 添加剂	室温	茶色	透明	无	无
		60℃	茶色	透明	无	无
COA	COA：水 =1：2	室温	红棕色	透明	无	无
		90℃	红棕色	透明	无	无

2）COA 表面张力测定

（1）实验条件。

实验仪器：JZHY-180 界面张力仪。

实验温度：室温。

（2）实验结果。

分别对四种酸液进行表面张力测定，实验结果见表 5-18。

表 5-18　配方酸液的表面张力测定

酸液类型	配方酸液	表面张力（mN/m）	
		鲜酸	残酸
盐酸	12%HCl+ 添加剂	21.5	22.6
土酸	12%HCl+2%HF+ 添加剂	21.8	22.1
COA	COA：水 =1：2	20.2	21.4

实验结果表明，COA 配方酸液具有较低的表面张力。

3）COA 防膨性能评价

实验仪器：WZ-1 型页岩膨胀仪。

实验采用 COA 系列酸液配方进行。实验结果见表 5-19。

表 5-19　配方酸液防膨效果评价

酸液类型	配方酸液	24h 膨胀率（%）	终膨胀率降低值（%）
淡水	—	97.85	
盐酸	12%HCl+ 添加剂	60.23	38.44
土酸	12%HCl+2%HF+ 添加剂	59.30	39.40
COA	COA：水 =1：2	47.20	51.76

COA 酸液体系 24h 膨胀率为 47.2%，最终膨胀率降低 51.76%，降低幅度最大。说明 COA 酸液体系的性能优于土酸和盐酸。

4）COA 稳铁性能评价

实验方法：邻菲罗啉法。

实验仪器：722 型光栅分光光度计、分析天平、自动滴定仪等。

酸液类型：COA：水 =1：2。

在酸液中加入铁离子稳定剂，测定酸液 pH 值等于 3.5 时，各种铁离子稳定剂的稳铁能力。实验方法按照 SY/T 6571—2012《酸化同铁离子稳定剂性能评价方法》标准执行。

由表 5-20 可知，未加铁离子稳定剂的盐酸和土酸酸液稳定铁量低，分别只有 46.5% 和 49.1%，而 COA 未加铁离子稳定剂时稳铁量达到了 67.9%；加入 1% 铁离子稳定剂后，稳定铁离子的能力达到了 85.2%（三种类型稳定铁量百分数的平均值），表现出较好的稳铁能力。说明 COA 的稳铁性能明显优于盐酸和土酸酸液。

表 5-20　不同铁离子稳定剂稳定铁能力实验结果

酸液类型	pH 值为 0.5 时酸液含铁总量（mg/L）	铁离子稳定剂类型及加量（%）	pH 值为 3.5 时稳定铁量	稳定铁量百分数（%）
盐酸	1284.19	0	597.15	46.5
土酸	1320.12	0	648.18	49.1
COA	1367.41	0	928.47	67.9
		1	1171.87	85.7
		1	1196.48	87.5
		1	1126.75	82.4

5）COA 缓蚀性能评价

（1）实验条件。

实验类型：常压静态。

实验温度：60℃。

实验钢片：N80 钢片。

酸液体系：土酸，即 12%HCl+2%HF；COA：水 =1：2。

（2）实验步骤。

酸液是具有较强腐蚀性的液体，对设备和管柱都有腐蚀作用，因此必须加入一定量与之配伍的缓蚀剂后，在实验室进行腐蚀实验，以便更好地了解酸液的缓蚀性能。根据目标储层温度，确定实验温度为 60℃。

（3）实验方法：失重法，实验程序和标准参照 SY/T 5405—2019《酸化用缓蚀剂性能试验方法及评价指标》。

① 在石油醚中用软刷清洗 N80 钢片，去除油污，并在无水乙醇中浸泡 1min 后取出用冷风吹干，放入干燥器 20min 后称重，测量其尺寸，并记录。

② 配置所需的酸液，将其置于烧杯中。

③ 将 N80 钢片放入烧杯中，保证其不和杯壁接触，且全部淹没在酸液中。

④ 密封，将其放入所需温度的水浴锅中，静置 4h。

⑤ 待实验结束后，取出钢片，观察后立即用蒸馏水冲洗，再用软刷刷洗；最后用丙酮、无水乙醇清洗，并将其放在滤纸上，称重。

（4）数据处理。

腐蚀速率按式（5-9）计算：

$$v = \frac{\Delta m}{A \Delta t} \qquad (5-9)$$

式中　v——钢片腐蚀速率，$g/(m^2 \cdot h)$；

　　　Δt——反应时间，h；

　　　Δm——钢片腐蚀失质量，g；

　　　A——钢片表面积，mm^2。

（5）酸液缓蚀效果分析。

N80 钢片在常压静态条件下进行实验，其结果见表 5-21。

表 5-21　缓蚀剂的缓蚀性能评价

酸液	缓蚀剂浓度（%）	实验温度（℃）	平均腐蚀速度 $[g/(m^2 \cdot h)]$	腐蚀现象
	1	60	1.9865	均匀腐蚀
12%HCl+2%HF	1	60	2.0465	均匀腐蚀
	1	60	2.0312	均匀腐蚀
	1	60	0.8617	均匀腐蚀
COA：水 =1：2	1	60	0.7744	均匀腐蚀
	1	60	0.9679	均匀腐蚀

土酸对 N80 钢片的平均腐蚀速率为 2.0214g/（m²·h），腐蚀过后钢片表面失去金属光泽，腐蚀较严重；COA 酸液体系的平均腐蚀速率为 0.8680g/（m²·h），明显低于土酸，达到行业一级标准，腐蚀均匀，未出现坑蚀现象，且钢片表面依然保持金属光泽，说明 COA 酸液体系具有较好的缓蚀性能，如图 5-13 所示。

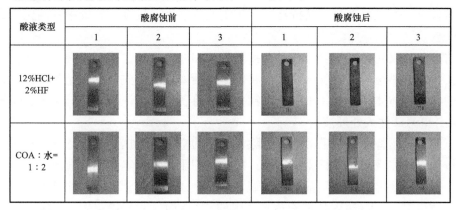

酸液类型	酸腐蚀前			酸腐蚀后		
	1	2	3	1	2	3
12%HCl+2%HF						
COA：水=1：2						

图 5-13　N80 钢片腐蚀前后照片对比

6）酸液岩心流动实验

利用高温、高压岩心酸化效果试验仪，在一定温度、压力条件下，分别将土酸、COA 酸液采用室内模拟连续注入施工顺序注入岩心，再根据酸化前后岩心渗透率的变化，分析对比酸化效果。图 5-14 为室内流动实验示意图。

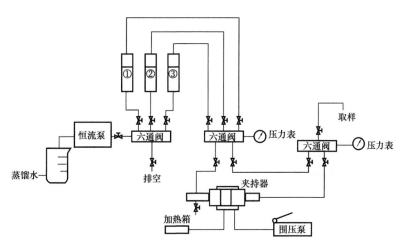

图 5-14　流动实验示意图
①②③为储罐，容积分别为 1000mL、500mL、500mL

（1）实验方案。

实验条件：

实验温度为 60℃；

驱替压力根据实际驱替情况确定；

实验围压始终高于驱替压力 1.5～2MPa。

酸液体系：

处理液为 COA：水 =1：1.5～1：2；

基准液为 3%NH$_4$Cl。

（2）实验步骤。

启动前检查：查检恒流泵、夹持器、加热箱电源是否连接好；装置中各高压阀是否处于关闭状态。

运行前准备：取处理好的岩心放入夹持器中施加相应围压，按要求调节温度控制仪温度，将夹持器加热至预定温度；注液前将储罐内活塞提出，先注入一定量的清水，根据所配制的各种液体体积量预留出相应储罐空间，将各种液体注入相应储罐中：①号罐注入基准液，②号罐注入处理液。

开启恒流泵，驱替基液储罐活塞，排除管线中的空气，根据岩心渗透率大小选定驱替压力。按选定的注液顺序进行驱替实验，在一定的压差下测定基准液通过岩心流动时的渗透率；待流量稳定后，关闭基准液储罐，倒罐注入处理液，同样，注处理液时随时观察岩心渗透率变化，待注入处理液达到要求的 PV 数时，驱替稳定后，倒罐注入基准液；用基准液接着进行驱替，以确定酸化后地层渗透率的改善情况。

实验时记录岩心入口压力 p_1、出口压力 p_2、围压，测定流出体积 V_i 和取样时间 Δt_i。

基准液（3%NH$_4$Cl）测定的渗透率为基准渗透率 K_0；其他液体测得的渗透率为 K_i；作出 K_i/K_0—PV 关系曲线，分析 K_i/K_0 随 PV 的变化，即可分析该注酸顺序下酸化效果。

关闭恒流泵、夹持器、加热箱；排出各储罐余液并清洗，卸围压，取出岩心。

（3）数据处理。

岩心渗透率按式（5-10）计算：

$$K = \frac{V_1 \mu L}{A \Delta p} \times 10^{-3} \qquad (5-10)$$

$$\Delta p = p_1 - p_2$$

式中　K——岩心渗透率，D；

　　　Δp——岩心两端压差，MPa；

　　　p_1——岩心入口端压力（注入压力），MPa；

　　　p_2——岩心出口端压力（驱替回压），MPa；

　　　μ——液体黏度，mPa·s；

　　　L——岩心长度，cm；

　　　A——岩心横截面积，cm^2；

　　　V_1——Δt_1 时间内流出液体体积，cm^3；

　　　Δt_1——取样时间，s。

$$PV = V_1 / V_0 \qquad (5-11)$$

式中　PV——以孔隙体积倍数表示的累计注入液量；

　　　V_0——岩石孔隙体积，mL。

采用基准液（3%NH₄Cl）测定的渗透率为基准渗透率K_0；其他液体测得的渗透率为K；用计算机绘制K/K_0—PV关系曲线，分析K/K_0随PV变化，即可分析该注酸顺序下的酸化效果。

7）土酸岩心酸化流动实验

实验选用的酸液为土酸体系（12%HCl+2%HF），酸化实验中K/K_0与累计注入孔隙体积倍数（PV）的关系如图5-15所示，渗透率恢复结果见表5-22。

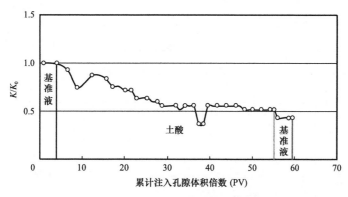

图5-15　1号岩心土酸酸化效果曲线

表5-22　土酸酸化渗透率恢复结果

岩心编号	温度（℃）	K/K_0		
		正驱基准液	正驱土酸	正驱基准液
1号	60	1.00	0.52	0.44

实验结果表明，当土酸作为单步酸时，注入土酸阶段渗透率逐渐降低，酸液流过1号岩心时，渗透率明显低于初始渗透率，可能是酸液与储层岩石接触后溶解$CaCO_3$、$MgCO_3$等矿物形成CaF_2、MgF_2等沉淀造成孔隙堵塞，随着注液过程进行，渗透率进一步降低，最终渗透率降为原始渗透率的0.44倍，酸化效果很差。

8）COA酸化流动实验

实验选用COA酸液浓度为COA：水=1∶1.5、1∶2，酸化实验中K/K_0与孔隙体积倍数（PV）的关系曲线如图5-16和图5-17所示，渗透率恢复结果见表5-23。

表5-23　COA酸化渗透率恢复结果

岩心编号	温度（℃）	注入酸液浓度	K/K_0		
			正驱基准液	正驱COA	正驱基准液
2号	60	1∶2	1	1.89	3.7
3号	60	1∶1.5	1	4.20	6.7

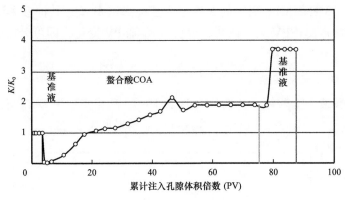

图 5-16 2 号岩心 COA 酸化效果曲线

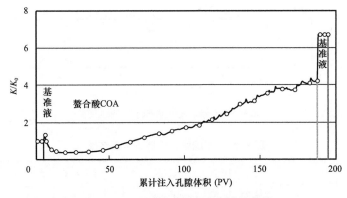

图 5-17 3 号岩心 COA 酸化效果曲线

采用 COA 作为连续注入酸化酸液，COA 与注入水按照 1∶1.5、1∶2 混配进行岩心酸化流动实验。实验结果表明，2 号岩心采用混配比例为酸液∶注入水为 1∶2，酸驱替后渗透率降低幅度较大，之后渗透率逐步升高，最终渗透率提高 3.7 倍；3 号岩心采用混配比例为酸液∶注入水为 1∶1.5，酸驱替后渗透率降低幅度较大，但之后渗透率一直升高，最终渗透率提高 6.7 倍，酸化改造效果显著。说明 COA 酸液体系可以作为连续注入酸化酸液体系。

二、螯合酸在线注入酸化工艺

目前国内外解堵增注技术采用的化学降压增注方法有：土酸酸化、多氢酸酸化、缓速酸酸化等，但这些方法由于酸液浓度高（pH 值小于 1），腐蚀严重，必须起下生产管柱，采用专用的酸化管柱才能施工，不然会造成油管破漏、断裂等安全生产事故。

为了保证措施增注效果，常用的酸化增注工艺多采用“前置酸 + 处理液 + 后置液 + 返排洗井”的施工工艺，其中前置酸的作用主要用于溶解碳酸岩盐、隔离地层水、维持较低的 pH 值、防止沉淀产生；处理液为溶解堵塞物的主要酸液；后置液为净化反应带，防止二次沉淀，保证酸化效果；返排洗井是将残酸和地层中的溶蚀产物返排出井筒，防止污染储层，缺点是增注措施施工复杂、施工周期长。为克服这一困难，研发了一种用于环江油田的连续注入酸化工艺，将酸液与注入水混合后，直接注入地层，对井筒附近的堵塞物进行有效溶解，扩大渗流通道。

1. 注入设备

结合长庆油田姬塬油田长 8 油藏注水压力高（19～22MPa）的特点，配套了"小排量、移动式"在线注入设备，该设备由五部分组成：液压双隔膜计量泵、酸液储罐、控制系统、高压耐酸管线及特种卡车，各设备性能参数见表 5-24。

表 5-24　注入设备各组成设备性能表

序号	名称	性能特点
1	液压双隔膜计量泵	P_t=22kW，Q_{max}=650L/h，泵压 =40MPa
2	酸液储罐	最大容量 5m³
3	控制系统	启停计量泵、调控排量大小
4	高压耐酸管线	承压 50MPa
5	特种卡车	解放 J60 卡车

2. 施工工艺优化

1）不同浓度的酸液溶蚀性能评价

酸液与矿物的溶蚀实验表明，当 COA 与水配比在 1∶1.5～1∶3 之间时，矿物溶蚀度较好；且当 COA∶水 =1∶1.5 时，矿物的溶蚀率最佳（图 5-18）。

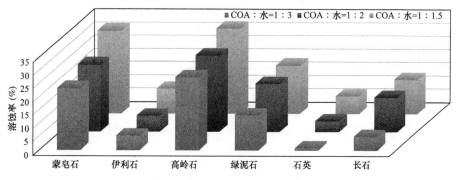

图 5-18　不同浓度螯合酸与单矿物的溶蚀实验对比

2）不同浓度的酸液岩心流动性实验

螯合酸在两种浓度下的岩心流动实验表明（表 5-25 和图 5-19），当酸水比例为 1∶1.5 时，岩心渗透率提高了 12.6 倍，酸化效果显著。因此将最佳酸水比例设为 1∶1.5。

3）开展风险源辨识，制定操作规程

从生产历史资料收集、工艺参数设计及技术要求等方面，对资料录取、施工步骤、质量安全环保等进行了规范，制定了《连续注入酸化增注作业规程》（图 5-20），确保施工安全。

表 5-25 COA 酸化岩心渗透率恢复结果表

岩心编号	酸水比	温度（℃）	K/K_0		
			正驱基准液	正驱 COA	正驱基准液
1 号	1∶2	60	1	4.37	10.73
2 号	1∶1.5	60	1	5.11	12.61

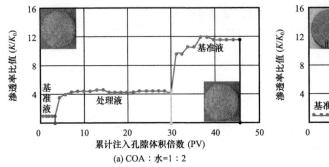 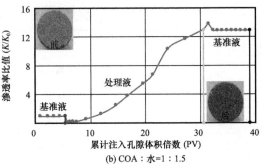

(a) COA∶水=1∶2

(b) COA∶水=1∶1.5

图 5-19　不同酸水比岩心流动实验对比图

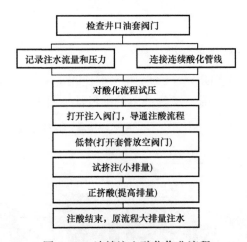

图 5-20　连续注入酸化作业流程

4）确定选井选层标准

根据 COA 酸液体系作用机理及施工工艺特点，结合环江长 8 油藏特征，提出并制订了选井选层标准：

（1）固井质量好，套管完好的水井；

（2）注水井网完善，油水对应关系良好；

（3）初期满足配注，后期近井地带堵塞；

（4）井筒良好，检串小于 3 年，油套连通；

（5）井口阀门开关灵活，不刺不漏；

（6）前期酸压、压裂无效井不适合该工艺。

三、现场应用效果

在姬塬、环江、镇北等油田现场应用 469 井次，有效率 89.8%，平均措施有效期 217d，最长可达 400 余 d，累计增注 $50.0 \times 10^4 m^3$，对应油井 1795 口，见效油井 1176 口，累计增油 7.9×10^4 t，现场试验 5 年以来，受到各采油单位一致好评。螯合酸在线增注技术将原有的常规酸化多步法作业简化为"一步法"在线施工，作业周期由 1 周以上缩短到 10h，单井节约成本 8 万元，降本增效效果显著；发明的在线酸化酸液满足冬季施工，改变了常规酸化冬季无法正常实施的问题，对确保冬季稳产具有积极意义。

第二节　注水井局部增压技术

一、技术背景

针对以姬塬长 8 油藏为代表的超低渗透油藏储层物性差、启动压力高和高压欠注井多次措施无效的问题，结合注水启动压力高的特点，转变思路，由点到面提压增注，实现两个转变，一是从单井增注到井组整体增注，二是从注水系统整体提压到井组局部增压，最终自主研发局部增压在线增注技术，通过增压装置实现对井场来水的二次提压，满足正常注入的需要，同时投加降压药剂抑制注水压力持续上升，实现增压增注和控压注水，达到治标向治本的转变[21]。

二、技术原理及特点

该技术主要是利用离心增压注水泵进行增压注水，其中离心增压注水泵之所以能把水送出去是由于离心力的作用。注水泵在工作前，泵体和进水管线必须灌满水形成真空状态，当叶轮快速转动时，叶片促使水快速旋转，旋转着的水在离心力的作用下从叶轮中飞去，泵内的水被抛出后，叶轮的中心部分形成真空区域。水源的水在大气压力（或水压）的作用下通过管网压到了进水管内。这样连续循环，就可以实现连续注水。

（1）结合储层启动压力特点和注水规模[22-25]，研制了系列增压装置。增压注水装置由电泵机组、加药装置、橇装底座等三部分组成，其中增压注水电泵机组主要包括：电动机，增压密封保护器，增压注水泵体，变频控制柜。加药装置由加药罐，隔膜计量泵，管路组成。局部增压装置为管辖 3～7 口井、100～300m^3/d 不同规模的增压装置，最高实现 10MPa 增压。该装置具有以下四个特点：① 对高压来水二次提压，提压幅度可控可调；② 环境适应性强，维护工作量少，运行平稳；③ 实现变频控制，远程数据远传，无人值守；④ 增压与加药部分整体橇装设计，分体运行。

（2）创新研发新型 COA-2 综合降压增注药剂体系，确保控压注水。针对注水过程中易结垢地层，研发了具有"防膨、阻垢、降低界面张力"等功能的综合降压增注药剂

COA-2。通过对比实验表明，COA-2 的防膨率大于 30%，表面张力低于 3.5×10^{-3} mN/m，阻垢率可达 95% 以上，是一种较好的硫酸钡垢除垢降压药剂。当其加药浓度在 0.1%~0.4% 之间时，岩心渗透率恢复达到 60% 以上。同时，根据水井注水曲线、井口压力升压幅度，制订了三种加药制度：① 提压幅度小于 2MPa 的井，小浓度连续投加，投加时间 6 个月左右；② 提压幅度 2~4MPa 的井，中浓度脉冲式投加，投加时间 1~2 个月；③ 提压幅度大于 4MPa 的井，高浓度一次性投加，投加时间 1 个月左右，见表 5-26。

表 5-26　不同浓度对压力的影响

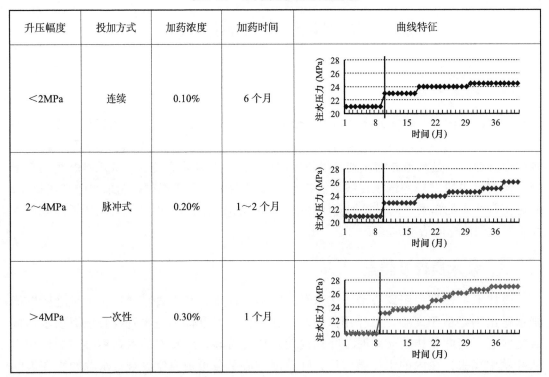

升压幅度	投加方式	加药浓度	加药时间	曲线特征
<2MPa	连续	0.10%	6 个月	
2~4MPa	脉冲式	0.20%	1~2 个月	
>4MPa	一次性	0.30%	1 个月	

三、现场应用效果

2011 年以来推广应用了 217 套局部增压装置，管辖注水井 1155 口，治理欠注井 606 口，平均注水压力上升 0.9MPa，单井增加注水量 5.9m³。通过对姬塬油田实施的增压井跟踪分析，局部增压装置投运初期压力均有所上升，半年后压力保持缓慢上升趋势，压力年增长率 0.5MPa 左右。该技术已成为治理高压欠注井的主要技术手段。

四、取得的认识

（1）局部增压技术是治理由于储层物性差、启动压力高导致的欠注的有效手段。

（2）通过局部增压和 COA-2 综合降压增注药剂稳压的方式，有效保证正常注水和控制高压井的压力上升。

第三节　注入水纳滤脱硫酸根技术

注水开发是国内外油田开发的主要方式之一，但是当注水开发水源不可选择时，例如海上油田注水水源是海水，由于海水中含有高浓度的 SO_4^{2-}，注入油层后易与油层中的 Ba^{2+} 反应生成沉淀而堵塞孔隙。一些地处鄂尔多斯盆地的陆地油田，水资源缺乏，地下白垩系洛河水层是唯一适用的水源，由于洛河水富含 SO_4^{2-}，与三叠系延长组油层水中高浓度的 Ba^{2+}、Sr^{2+}、Ca^{2+} 相遇易生成难溶的硫酸盐垢，尤其是硫酸钡锶垢，酸碱不溶，很难处理，造成地层堵塞，采收率降低，地面管网、集输系统管道堵塞，输送能力降低，能耗增加等一系列问题，给油田稳产造成严重危害，成为油田注水开发中亟须解决的问题。

针对注入水与地层水不配伍形成的结垢问题造成注水压力上升、地层吸水能力下降，近年来国外海上油田采用的纳滤选择性脱硫酸根离子工艺是最先进的膜防垢技术，从注水源头进行水质改性处理，彻底解决地面、井筒及地层的结垢难题。长庆油田率先在国内油田试验了纳滤脱硫酸根防垢工艺，改变水驱效果，取得了成功经验。

本节叙述了纳滤技术基本原理和影响因素，纳滤防垢工艺及设备，现场应用效果评价方法，以及纳滤技术在长庆油田注水开发中的应用，重点介绍了纳滤工艺流程以及现场应用效果评价，最后阐述了纳滤装置的长期运行管理经验。

一、纳滤膜介绍及国内外发展概况

1. 纳滤膜介绍

纳滤（NF）膜早期被称为松散反渗透（Loose RO）膜，是20世纪80年代初继典型反渗透（RO）复合膜之后开发出来的。最初开发的目的是用膜法代替常规的石灰法和离子交换法的软化过程，所以纳滤膜早期也被称为软化膜。纳滤膜介于反渗透膜与超滤膜之间（图5-21），纳滤膜孔径范围在纳米级，截留分子量为100～1000的物质，是一种介于反渗透和超滤之间的膜过程。纳滤膜对单价盐具有相当大的通透性，而对二价及多价盐具有很高的截留率，由于单价盐能自由透过纳滤膜，所以膜两侧不同离子浓度所造成的渗透压要远低于反渗透膜，一般纳滤的操作压力仅为0.5～1.5MPa。纳滤膜的一个很大特征是膜本体带有电荷性，这是它在很低压力下仍具有较高脱盐性能的重要原因。例如日东电工的 NTR-7250 膜为正电荷膜，NTR-7450 为负电荷膜。纳滤膜对不同价的阴离子的 Donnan 电位有较大差别，因此可对不同价态阴离子以及低分子量有机物进行分离，并具有节能等特点，是国内外学者研究的热点[26-28]。

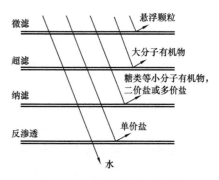

图 5-21　纳滤膜的分离特性

2. 国内外纳滤技术发展概况

1）国外进展

20世纪80年代开始，美国陶氏化学公司相继开发出NF-40、NF-50、NF-70等型号纳滤膜。由于市场广阔，世界各国纷纷立项，组织力量投入到纳滤技术开发领域中。目前，国外纳滤膜的主要厂商为美国和日本公司，其中卷式纳滤膜的主要厂商有7家，分别是美国海德能公司、日本日东电工集团、美国陶氏化学公司、美国KOCH科氏纳滤膜系统公司、日本东丽公司、美国Desal公司和美国Trisep公司，其中，美国陶氏化学公司NF系列纳滤膜、日本日东电工集团NTR-7400系列纳滤膜以及日本东丽公司UTC系列纳滤膜等，都是在水处理领域中应用比较广泛的商品化复合纳滤膜，表5-27为国外商品纳滤膜及其性能[29-31]。

表5-27　国外商品纳滤膜及其性能

膜型号	制造商	膜性能		测试条件	
		脱盐率（%）	水通量[L/(m²·h)]	操作压力（MPa）	NaCl料液浓度（mg/L）
ESNA1	海德能（美）	70~80	363	0.525	-
ESNA2	海德能（美）	70~80	1735	0.525	-
DRC-1000	Celfa	10	50	1.000	3500
Desal-5	Desalination	47	46	1.000	1000
HC-5	DDS	60	80	4.000	2500
NF-40	Filmtec	45	43	2.000	2000
NF-70	Filmtec	80	43	0.600	2000
SU-60	Toray	55	28	0.350	500
NTR-7410	Nitto	15	500	1.000	5000
NTR-7450	Nitto	51	92	1.000	5000
NF-PES-10/PP60	Kalle	15	400	4.000	5000
NF-CA-50/PET100	Kalle	85	120	4.000	5000

采用纳滤技术制取软化饮用水在国外已很普遍，在美国佛罗里达州，已有超过100套10^4t/d规模的纳滤膜装置在运转，最大的装置规模为$15.1×10^4$t/d（2002年），这套装置采用Hydranautics公司的ESNA1-LF低污染纳滤膜元件。Filmtec公司的NF-70膜也在多套10^4t/d以上的大型装置中获得成功应用。法国巴黎的Mery Sur Qise水厂，日产水量$14×10^4$t，是世界上最大的纳滤膜分离净水厂[32-34]。

另外，海上石油开采中，在油井中注入海水以提高原油的开采产量，但有些海域中的原油Ba^{2+}含量较高，Ba^{2+}易与海水中SO_4^{2-}反应形成$BaSO_4$沉淀物，堵塞输油管道。

将纳滤膜用于海水软化过程，可除去海水中的 Ca^{2+}、Mg^{2+}、SO_4^{2-} 等易结垢的二价离子，降低结垢与污染的可能性，节约成本，国外已经开展了纳滤膜用于海水软化方面的研究与应用。Plummer 采用 NF-40 膜对海水软化用于注水，SO_4^{2-} 去除率达到 98%，避免了与地层水中高浓度的 Ba^{2+} 形成沉淀堵塞地层孔隙。Davis 采用纳滤软化后的海水为英国北海油田注水，防止 Brea 油井中 $BaSO_4$ 的沉淀从而堵塞油层。

2）国内进展

我国从 20 世纪 80 年代后期开始纳滤膜的研制，90 年代研究单位不断增加，如中科院大连化物所、北京生态环化中心、上海原子核所、天津纺织工业大学、北京工业大学、北京化工大学等都相继进行研究开发，到目前为止，大多数还处于实验室阶段，真正达到工业化生产的只有二醋酸纤维素卷式纳滤膜和三醋酸纤维素中空纤维纳滤膜[35]。表 5-28 列举了国产纳滤膜及其原件的性能参数。

表 5-28 国产纳滤膜及其原件性能

膜型号	厂商	性能		测试条件		备注
		脱除率（%）	水通量	操作压力（MPa）	供液浓度（mg/L）	
NF-CA 膜	国家海洋局杭州水处理中心	10～85	20～80L/（m²·h）	0.50～2.00	2500	NaCl-H₂O
		90～99	20～85L/（m²·h）	0.50～2.00	2000～2500	MgSO₄-H₂O
NF-CA 卷式元件		10～85	240～360L/h	1.25～1.30	2539～2565	NaCl-H₂O
		90～99	250～300L/h	1.25～1.30	2131～2644	MgSO₄-H₂O
中空纤维元件		50 左右	>700L/h	1.00	2000	NaCl-H₂O
		>95	>700L/h	1.00	2100	MgSO₄-H₂O

注：（1）卷式元件有效膜面积为 $7.6m^2$；（2）中空纤维元件有效膜面积为 $38m^2$。

目前，国内在纳滤膜领域还刚刚起步，预计今后会有很大的发展。在水处理方面主要用于苦咸水除硬度，国内首套工业化纳滤系统 144t/d 纳滤法制备饮用水示范工程于 1997 年在山东长岛南隍城建成投产，产水符合国家饮用水标准。高硬度的海岛苦咸水经 NF90 型纳滤膜一次软化处理后就达到了饮用水标准，取得了显著的经济效益和社会效益。

二、纳滤分离机理

纳滤和超滤、反渗透一样，都属于压力驱动的膜过程，但它们的传质机理有些不同。其比较见表 5-29。一般认为，超滤膜由于孔径较大，传质过程主要为孔流形式，即筛分效应。而反渗透膜属于无孔膜，其传质过程为溶解扩散过程，即静电效应。纳滤分离是一个不可逆的压力驱动过程，纳滤膜对硫酸根的截留去除主要受膜电荷性和孔径大小这两个膜特性影响，这两个特征决定了纳滤膜对溶质分离的两个主要机制，即电荷作用和筛分作用。

电荷作用又被称为 Donnan 效应，膜表面所带电荷越多对离子的去除效果越好。筛分作用是由膜孔径大小与截留粒子大小之间的关系决定的，粒径小于膜孔径的分子可以通过膜表面，大于膜孔径的分子则被截留下来。一般来说，膜孔径越小对不带电的溶质分子截留效果越好。然而在实际分离过程中，众多运行参数的存在导致纳滤膜的分离机制不仅仅归功于 Donnan 效应和筛分作用。

由于大部分纳滤膜为荷电型，其对无机盐的分离不仅受到化学势控制，同时也受到电势梯度的影响，分离机理和模型较超滤和反渗透来说，更为复杂，以下是对目前已经提出的各种分离机理及模型的介绍。

表 5-29　几种膜过滤过程类型的比较

膜类型	主要膜材料	对象	压差推动力（MPa）	原理
微滤（MF）	纤维素酯、聚砜、PE 等	微粒：0.025～0.10μm	0.1	筛分
超滤（UF）	CA、PAN、PVA、PES、PVDF	分子量：1000～300000	0.1～1.0	筛分
纳滤（NF）	聚酰胺系列、SPS	分子量：100～1000	0.5～1.5	筛分和 Donnan 效应
反渗透（RO）	CA、聚酰胺系列	盐类分子量：300	0.5～1.5	优先吸附扩散
渗析蒸发（PV）	SR PVA	有机溶酶	浓度差分和压差	溶解扩散

1. 电荷模型

根据膜内电荷及电势分布情形的不同，电荷模型分为空间电荷模型和固定电荷模型。空间电荷模型假设膜由孔径均一而且其壁面上电荷均匀分布的微孔组成，微孔内的离子浓度和电场电势分布、离子传递和流体流动分别由 Poisson-Boltzmann 方程，Nernst-Planck 方程和 Navier-Stokes 方程等来描述。空间电荷模型最早是由 Osterle 等提出来的，有 3 个表述膜结构特性的模型参数，即膜的微孔半径、膜活性分离层的开孔率与其厚度之比和膜微孔表面电荷密度或微孔表面电势。运用空间电荷模型，不仅可以描述诸如膜的浓差电位、流动电位、表面 Zeta 电位和膜内离子电导率、电气黏度等动电现象，还可以表示荷电膜内电解质离子的传递情形。将空间电荷模型与非平衡热力学模型相结合，可以推导出一定浓度的电解质溶液的膜反射系数和溶质透过系数与上述 3 个模型参数的数学关联方程。

Ruckenstein 等运用空间电荷模型进行了电解质溶液渗透过程的溶剂的渗透通量、离子截留率及电气黏度的数值计算，讨论了膜的结构参数及电荷密度等影响因素。

Smit 等将空间电荷模型与非平衡热力学模型相结合，从理论上描述了反渗透过程中荷电膜膜内离子的场地情形，但是由于运用空间电荷模型时，需要对 Poisson-Boltzmann 方程进行数值求解，计算工作十分繁重，因此应用受到限制。

在固定电荷模型中，假设膜相是一个凝胶层而忽略膜的微孔结构，膜相中电荷均匀分布，仅在膜面垂直的方向因 Donnan 效应和离子迁移存在一定的电势分布和离子浓度分布。固定电荷模型最早由 Teorell、Meyer 和 Sievers 提出，因而通常又被人们称为 Teorell–Meyer–Sievers（TMS）模型。模型首先应用于离子交换膜，随后用来表征荷电型反渗透膜和超滤膜的截留特性和膜电位。该模型的特点是数学分析简单，未考虑结构参数，假定固定电荷在膜中分布是均匀的，有一定的理想性。当膜的孔径较大时，固定电荷、离子浓度以及电位均匀的假设不能成立，因而固定电荷模型的应用受到一定限制。对于 1–1 型的电解质的单一组分体系，负电荷膜的膜反射系数和溶质透过系数可以由固定电荷模型和 Nernst–Planck 方程联合求解。

比较以上两种模型，固定电荷模型假设离子浓度和电势在膜内任意方向分布均一，而空间电荷模型则认为两者在径向和轴向存在一定的分布，因此认为固定电荷模型是空间电荷模型的简化形式。

2. 细孔模型

细孔模型是在 Stokes–Maxwell 摩擦模型的基础上引入立体阻碍影响因素而建立的。该模型假定多孔膜具有均一的细孔结构，细孔的半径为 r_p，膜的开孔率与膜厚之比为 $\dfrac{A_k}{\Delta x}$，溶质为具有一定大小的刚性球体，且圆柱孔壁对穿过其圆柱体的溶质影响很小，膜孔半径（r_s）可以通过 Stokes–Einstein 方程进行估算：

$$r_s = \frac{kT}{6\pi m D_S} \tag{5–12}$$

膜的反射系数和膜的溶质透过系数可以根据方程（5–13）得到：

$$\begin{cases} \sigma = 1 - H_F S_F \\ P = H_D S_D D_S \left(\dfrac{A_k}{\Delta x} \right) \end{cases} \tag{5–13}$$

式中　　k——Boltzmann 常数，$k=1.38 \times 10^{-23}$J/K；

　　　　T——温度，K；

　　　　m——溶剂黏度，Pa·s；

　　　　σ——膜的反射系数；

　　　　P——溶质透过系数；

　　　　D_S——溶质的扩散系数，m²/s；

　　　　H_D——扩散条件下溶质在膜的细孔中所受到的细孔壁的立体阻碍影响因子；

　　　　H_F——透过条件下溶质在膜的细孔中所受到的细孔壁的立体阻碍影响因子；

　　　　S_D，S_F——分别是扩散、透过条件下溶质在膜的细孔中的分配系数，可表示为溶质半径（r_s）与膜的细孔半径（r_p）之比的函数；

　　　　$A_k/\Delta x$——膜的开孔率与膜厚之比。

该模型如果已知膜的微孔结构和溶质大小，就可计算出膜参数，从而得知膜的截留率与膜透过体积流速的关系。反之，如果已知溶质大小，并由其透过实验得到膜的截留率与膜透过体积流速的关系从而求得膜参数，也可借助于细孔模型来确定膜的结构参数。该模型忽略了孔壁效应，仅对空间位阻进行了校正，适用于电中性溶液。

Anderson 等运用细孔模型描述带电粒子在带电微孔内的扩散和对流传递过程时，提出带电粒子在带电微孔中将受到立体阻碍和静电排斥两个方面的影响，但是未能描述膜的截留率随溶剂体积透过通量的变化关系和膜的特征参数随膜的结构参数及带电特性的变化关系等。

3. 静电排斥和立体阻碍模型

Wang 等在前人的基础上，将细孔模型和固定电荷模型结合起来，建立了静电排斥—立体位阻模型。该模型假定膜分离层是由孔径均一，表面电荷均匀分布的微孔构成，既考虑了细孔模型所描述的膜微孔对中性溶质大小的位阻效应，又考虑了固体电荷模型所描述的膜的带电特性对离子的静电排斥作用，因此该模型能够根据膜的带电细孔结构和溶质的带电性及大小来推测膜对带电溶质的截留性能。其结构参数包括孔径 r_p，开孔率 A_k，孔道长度即膜分离层厚度 Δx，电荷特性则表示为膜的体积电荷密度 X（或膜的孔壁表面电荷密度 q）。模型假设膜内均为点电荷，且分布同样遵守 Poisson-Boltzmann 方程，根据 Wang 等的大量计算结果，可以通过在孔壁处无量纲电荷分布梯度小于 1 的条件下的 Donnan 平衡方程来求解。由此模型得到的反射系数和溶质渗透系数的方程为式（5-14）和式（5-15）。

$$S_S = 1 - H_{F,2}K_{F,2} - t_2(H_{F,1}K_{F,1} - H_{F,2}K_{F,2}) \tag{5-14}$$

$$P_S = \frac{(v_1 + v_2)D_2 H_{D,2}K_{D,2}t_1}{v_2} \cdot \frac{A_k}{\Delta x} \tag{5-15}$$

式中　S_S——反射系数；

　　　P_S——溶质渗透系数；

　　　$K_{F,1}$——透过条件下膜孔内阳离子平均分布系数；

　　　$K_{F,2}$——透过条件下膜孔内阴离子平均分布系数；

　　　$H_{F,1}$——透过条件下阳离子在膜的细孔中所受到的细孔壁的立体阻碍影响因子；

　　　$H_{F,2}$——透过条件下阴离子在膜的细孔中所受到的细孔壁的立体阻碍影响因子；

　　　v_1——阳离子电荷数；

　　　v_2——阴离子电荷数；

　　　D_2——阳离子扩散系数，m^2/s；

　　　$H_{D,2}$——扩散条件下阴离子在膜的细孔中所受到的细孔壁的立体阻碍影响因子；

　　　$K_{D,2}$——扩散条件下膜孔内阴离子平均分布系数；

　　　t_1，t_2——分别为阳离子和阴离子的传递数。

当静电排斥—立体位阻模型考虑位阻效应时，其与 SHP 模型的表述是基本一致的；

当静电排斥—立体位阻模型考虑静电效应时，其与 Teorell–Meyer–Sievers（TMS）模型非常符合，这样可以说静电排斥—立体位阻模型是 Steric Hindrance–Pore Model（SHP）模型和 TMS 模型的综合。

Bertrand Tessier 等采用醋酸纤维膜对小分子量的缩氨酸混合物进行分离，分析了带电离子通过膜的传递过程中静电效应所产生的影响，并明确溶液的 pH 值和离子强度是静电作用大小的影响因素。

4. Donnan 平衡模型

将荷电基团的膜置于盐溶液时，溶液中的反离子在膜内的浓度大于其在主体溶液中的浓度，而同名离子在膜内的浓度低于其在主体溶液中的浓度，由此形成了 Donnan 位差，阻止了同名离子从主体溶液向膜内扩散。为了保持电中性，反离子同时被膜截留。模型主要依据荷电膜内离子的浓度与膜外溶液离子的浓度遵守 Donnan 平衡方程，即：

$$K_i = \left(\frac{c_i^m}{c_i^b} \right)^{1/z_i} \tag{5-16}$$

式中　c_i^m，c_i^b——分别为膜内外离子的浓度；

　　　z_i——所带电荷数。

z_i 为与溶液中离子无关的 Donnan 平衡常数，它可以从膜内的电中性方程得到。定义离子的分离因子为 $K_i = \left(\frac{c_i^m}{c_i^b} \right)^{1/z_i} = K^{z_i}$，由此通过 K 就能直接得到膜的分离因子。可以看出，该模型是把截留率看作膜的电荷容量、进料液中溶质的浓度以及离子的荷电数的函数来进行预测的，却没考虑扩散和对流的影响，而这些作用在真实的荷电膜中的影响不容忽视，存在一定的局限性。

多数 NF 膜是聚合物的多层薄膜复合体，且常为不对称结构，含有一个较厚的支撑层（100～300μm），以提供孔状支撑，支撑层上有一层薄的表皮层（0.05～0.3μm）。这层薄表皮层主要起分离作用，也是水流通过的主要阻力层。该表皮层为活性膜层，通常含有荷负电的化学基团。纳滤膜在制造过程中常常让其带上电荷，因此根据纳滤膜的荷电情况，又可将其分成 3 类：荷负电膜、荷正电膜、双极膜。荷正电膜应用较少，因为它们很容易被水中的荷负电胶体粒子吸附。荷负电膜可选择性地分离多价离子，因此当溶液中含有 Ca^{2+}、Mg^{2+} 时可用这种膜分离。如果为了同时选择性分离多价阴离子和阳离子，则有必要使用双极膜。

由于纳滤膜的分离区间介于超滤和反渗透之间，故可截留硫酸根离子，对钠离子和氯离子有高通量。图 5-22 为纳滤膜的分离原理图。

纳滤膜是一种特殊的膜品种，图 5-23 为脱除硫酸根纳滤膜结构图，其表面孔径为 0.5～1nm，膜表面带有一定的电荷，对二价离子或高价离子，尤其对硫酸根离子具有很高且稳定的截留率，而对一价离子则具有较高的透过率，其材料结构稳定。

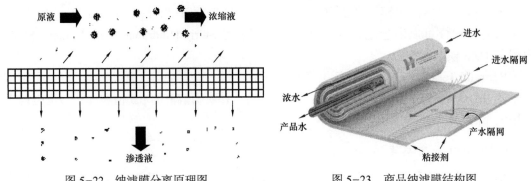

图 5-22　纳滤膜分离原理图　　　　图 5-23　商品纳滤膜结构图

三、纳滤技术评价

将纳滤膜分离技术应用到油田注入水处理，需要进行处理水与地层结垢程度、处理水对地层伤害程度的评价，需要考虑合理的脱除率，既达到防垢减少地层伤害，同时又防止过低的矿化度对特定岩矿引起水敏伤害。因此，室内开展了纳滤前后管路结垢实验、岩心流动实验等。实验所用注入水和地层水取自长庆油田典型的硫酸钡锶结垢区块。室内评价实验为现场纳滤脱硫酸根工业化应用奠定了理论基础。

1. 管路结垢实验

这种方法是以油田实注参数为基础，用泵向不锈钢细管内注入不同比例的注入水和地层水。如果两种水不相容，就会在管壁上沉积一层沉淀物，称重模拟管前后质量变化即可计算出结垢量。实验流程示意图如图 5-24 所示。

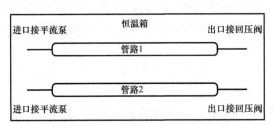

图 5-24　管路结垢评价实验流程示意图

实验压力：16MPa。实验温度：60℃。管长：5m。实验水质见表 5-30 和表 5-31。

表 5-30　水样来源及性质

序号	井号	密度（g/cm³）	pH 值	总矿化度（mg/L）	水型
1	注入水	1.0000	7.66	5657.23	硫酸钠
2	纳滤水	1.0003	8.08	1724.64	氯化镁
3	地层水	1.0613	6.44	84979.48	氯化钙

表5-31　三种水样水质分析结果

序号	Cl⁻ （mg/L）	HCO₃⁻ （mg/L）	SO₄²⁻ （mg/L）	Na⁺+K⁺ （mg/L）	Mg²⁺ （mg/L）	Ca²⁺ （mg/L）	Sr²⁺+Ba²⁺ （mg/L）	总矿化度 （mg/L）
1	1031.54	38.85	2851.90	1145.35	146.44	432.00	11.15	5657.23
2	941.32	37.15	115.24	542.80	48.31	39.82	—	1724.64
3	49499.00	129.48	22.65	28745.17	—	1506.61	5076.57	84979.48

注入水：地层水、纳滤水：地层水的比例分别为 1:9，2:8，3:7，5:5 时，管路结垢结果如图 5-25 至图 5-28 所示。实验结果表明：纳滤水与地层水混合水样在实验管内壁上的结垢程度要小于注入水与地层水混合水样在实验管内壁上的结垢程度。说明在相同实验条件下，随实验累计注入时间的增加，纳滤水在实验管壁的平均结垢量比注入水和地层水在实验管壁的平均结垢量要小，充分说明将纳滤水作为注入水有利于抑制管路（井筒、各注入输水管路等）的结垢量。

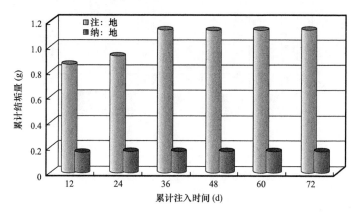

图 5-25　注入水：地层水、纳滤水：地层水（1:9）管路
累计结垢量与累计注入时间的关系曲线

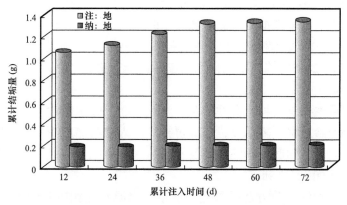

图 5-26　注入水：地层水、纳滤水：地层水（2:8）管路
累计结垢量与累计注入时间的关系曲线

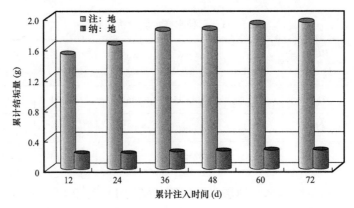

图 5-27　注入水：地层水、纳滤水：地层水（3∶7）管路
累计结垢量与累计注入时间的关系曲线

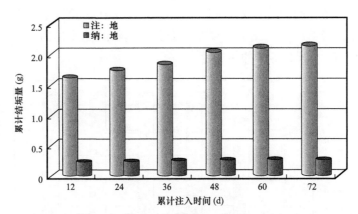

图 5-28　注入水：地层水、纳滤水：地层水（5∶5）管路
累计结垢量与累计注入时间的关系曲线

2. 岩心结垢流动实验

由于注入水中含有大量的成垢阴离子，若与地层水和储层矿物性质不配伍，混合后产生结垢，将导致储层渗流能力下降，给油田生产带来极大的危害。

动态配伍性研究主要模拟地层温度和注水时地层的状态，在低于临界流速下采用高温高压岩心流动仪进行恒流驱替，实验流程如图 5-29 所示。流动实验采用石油天然气行业标准 SY/T 5358—2010《储层敏感性流动实验评价方法》，实验用的地层水是未见注入水的某单井地层水。

动态流动实验主要是两种水混注实验，实验需在排除水敏性、速敏性损害因素后进行，另外混注后若渗透率下降明显，还应再排除注入水与储层不配伍的因素，以判断渗透率下降的真实原因，到底是单纯的地层水与注入水不配伍造成，还是地层水与储层不配伍，抑或是这两种因素之和。

因此，动态实验的实验方法是首先测试单一水源水在相应实验岩心中的流动能力，其次测试由不同水源水按不同比例混合后的混合水在相应实验岩心中的流动能力。为充

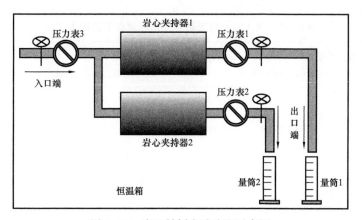

图 5-29　岩心结垢实验流程示意图

分考虑各实验岩心孔隙结构、渗透率、黏土矿物含量等因素对流动实验结果的影响，为了能够直观比较各水样在岩心中的流动能力大小，借鉴岩心接触工作液引起的渗透率损害率计算方法来进行流动能力大小的比较，其计算方法是：

$$D_{损} = \frac{\overline{K}_{地} - \overline{K}_{混}}{\overline{K}_{地}}$$　　　　　　（5-17）

式中　$\overline{D}_{损}$——岩心渗透率损害率；

　　　$\overline{K}_{混}$——用地层水测定的岩心液相渗透率的平均值，mD；

　　　$\overline{K}_{地}$——用不同比例混合水样测定的岩心液相渗透率的平均值，mD。

　　通过比较同一储层岩心注入不同水样（不同比例注入水与地层水、不同比例纳滤水与地层水）时岩心渗透率的变化来判断不同水质对地层的伤害程度。驱替实验进行 7~10d，注水 50~350PV。水驱结束后把样品放入蒸馏水中浸泡 5~6d，洗去可溶性盐后烘干，随后再把实验岩心从中部切开，对其剖面进行电镜扫描和能谱分析。

　　从表 5-32 注入水纳滤前后岩心结垢流动实验数据看出：注入单一洛河水时，岩心伤害率最大，为 46.13%，注入单一纳滤水时，岩心伤害率最小，为 1.47%；不同比例纳滤水对岩心渗透率伤害率均小于相应比例洛河水对岩心渗透率伤害率，伤害率分别降低了 16.5%，16.93%，15.14%，26.4%，说明纳滤水作为油田注入水，起到了抑制岩心损害的作用。图 5-30 和图 5-31 为注入水、地层水比例分别为 2：8 和 3：7 时岩心渗透率变化曲线，图 5-32 和图 5-33 为纳滤水、地层水比例分别为 2：8 和 3：7 时岩心渗透率变化曲线。

　　为了进一步证明结垢矿物的存在，将空白岩心、N1 号和 N10 号样品切片，进行电镜扫描和能谱分析，图 5-34 为扫描电镜照片，可以看出：空白岩心不存在结垢现象，而 N1 号样品孔隙中存在大量规则厚板状硫酸钡垢晶体，而 N10 号样品孔隙中结垢矿物非常少，表明采用纳滤水驱替岩心结垢量很少。

表 5-32　注入水纳滤前后岩心结垢流动实验结果对比

井号	样号	常规孔隙度（%）	K_g（10^{-3}mD）	$\overline{K}_{地}$（10^{-3}mD）	注水方式（注入水：地层水）	注水速度（mL/min）	$\overline{K}_{混}$（10^{-3}mD）	损害率（%）
h170 井	N1	5.75	1.4252	1.0044	注入水	0.3	0.5411	46.13
	N2	6.67	0.2808	0.1907	1:9	0.3	0.1456	23.61
	N3	4.75	0.2577	0.0397	2:8	0.3	0.0311	30.14
	N4	6.82	0.9329	0.4992	3:7	0.3	0.3308	33.72
	N5	5.12	0.2027	0.0477	5:5	0.3	0.0332	30.47
h109 井	N6	6.82	0.3969	0.1079	纳滤水	0.3	0.1063	1.47
	N7	6.21	0.2123	0.0649	1:9	0.3	0.0603	7.11
	N8	4.51	0.1565	0.0323	2:8	0.3	0.0284	13.21
	N9	6.82	0.1653	0.0350	3:7	0.3	0.0285	18.58
	N10	4.42	0.1588	0.0328	5:5	0.3	0.0314	4.07

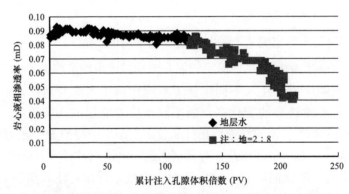

图 5-30　h170 井 5（7/84）-2 岩心液相渗透率与累计注入孔隙体积倍数的关系曲线

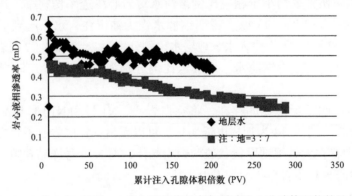

图 5-31　h170 井 5（14/84）-1 岩心液相渗透率与累计注入孔隙体积倍数的关系曲线

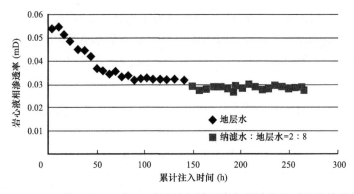

图 5-32　h170 井 5（44/84）-2 岩心液相渗透率与累计注入时间的关系曲线

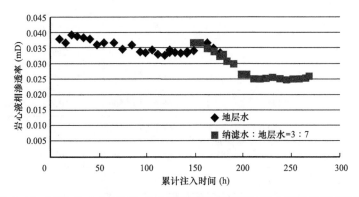

图 5-33　h170 井 5（43/84）岩心液相渗透率与累计注入时间的关系曲线

(a) 空白岩心　　　　　　　(b) N1号样品　　　　　　　(c) N10号样品

图 5-34　岩心实验前后微观扫描照片

四、现场应用效果

纳滤脱硫酸根防垢技术在油田水处理中得到了成功应用，从源头上有效防止了硫酸盐垢的生成，降低或延缓了地层深部结垢趋势，有效抑制注水开发区块的压力上升势头，保障平稳注水开发，对油田稳产起到积极的作用。下面介绍两个不同注水站的典型应用实例。

1. 实例 1：中含硫酸根（1000～1200mg/L）

X 注水站注水规模 300m³/d，有 10 口注水井，该注水站注入水硫酸根含量 1260mg/L，地层水钡、锶离子含量大于 1000mg/L，两种水质不配伍。2009 年在该注水站建成一套处理量 500m³/d 的注入水纳滤脱硫酸根防垢装置，产生的浓水有效回注到配伍的层位，2009 年 4 月份正式投运，效果明显。

1）现场水质监测

定期对注水站水质进行跟踪监测，结果（表 5-33）表明：纳滤装置运行稳定，水质变化不大。

表 5-33　X 注水站脱硫酸根水质跟踪监测　　　　　　　　　　单位：mg/L

取样日期	取样位置	Na⁺+K⁺	Ca²⁺	Mg²⁺	SO₄²⁻	Cl⁻	HCO₃⁻	总矿化度
2009-4-7	原水罐进口	654.8	182.5	450.0	1232.2	1639.3	197.2	4356.0
	纳滤前	494.5	111.4	268.4	800.1	1076.1	150.1	2900.6
	纳滤后	185.2	15.8	33.6	173.7	269.3	26.4	704.0
	脱除率（%）	62.5	85.8	87.5	86.0	74.9	82.4	75.7
2010-5-12	纳滤前	494.5	111.4	268.4	800.1	1076.1	150.1	2900.6
	纳滤后	202.9	20.8	80.0	111.9	376.3	36.3	791.8
	脱除率（%）	59.0	81.3	83.7	86.0	65.0	75.8	72.7
2011-10-18	纳滤前	587.4	128.4	269.8	995.8	1002.6	136.7	3120.7
	纳滤后	191.1	24.9	63.7	143.4	398.0	40.5	861.6
	脱除率（%）	67.5	80.6	76.4	85.6	60.3	70.4	72.4
2012-3-9	纳滤前	696.9	188.4	201.9	806.9	1311.6	152.6	3358.3
	纳滤后	297.2	29.2	40.4	153.7	484.9	53.7	1059.1
	脱除率（%）	57.4	84.5	79.9	85.1	63.0	64.8	68.5

2）硫酸根脱除率随时间变化

对硫酸根脱除率进行了跟踪监测，结果（图 5-35）表明：硫酸根脱除率保持在 82%～86%，比较稳定。

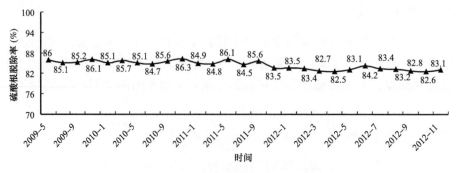

图 5-35　硫酸根脱除率随时间变化曲线

3）注水压力动态变化

对试验区 5 口纳滤水注水井注水压力进行跟踪监测，结果（图 5-36）表明：注水压力保持平稳，注水量增加，说明地层注入纳滤水后，结垢现象有所缓解。

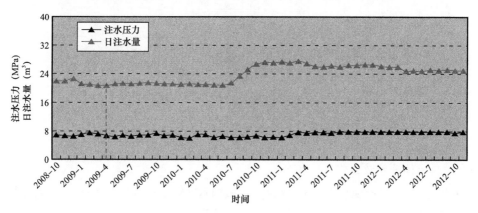

图 5-36　注纳滤水井压力、注水量变化曲线

4）吸水剖面变化

对两口试验井安 ××-× 井和安 ××-×× 井进行试验，试验前后不同时间段吸水剖面变化测试结果如图 5-37 和图 5-38 所示。图 5-37 测试结果表明：试验井安 ××-× 井在 2009 年 4 月 23 日测得吸水剖面厚度为 9.0m，2010 年 6 月 11 日其剖面厚度为 10.7m，2011 年 11 月 11 日其剖面厚度为 11.1m，试验前后吸水剖面最大增加了 2.1m，说明该井注入纳滤水后地层的渗透率不断增大，吸水能力增强，水驱效率升高。

图 5-38 测试结果表明：试验井安 ××-×× 井在 2009 年 4 月 23 日测得吸水剖面厚度为 3.7m，2010 年 6 月 11 日剖面厚度为 5.3m，2011 年 11 月 11 日吸水剖面厚度为 5.5m。吸水剖面厚度随着注水时间的增加不断增大，纳滤前后吸水剖面厚度共增加了 1.8m，说明该井注入纳滤水后地层的吸水能力增强，水驱波及效率提高。

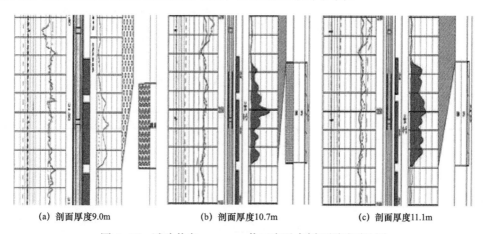

(a) 剖面厚度9.0m　　　　(b) 剖面厚度10.7m　　　　(c) 剖面厚度11.1m

图 5-37　试验井安 ××-× 井三次吸水剖面测试对比图

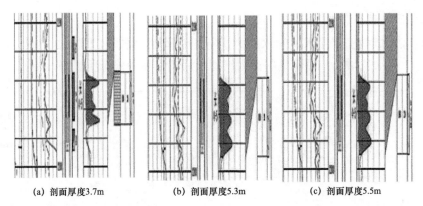

(a) 剖面厚度3.7m　　　(b) 剖面厚度5.3m　　　(c) 剖面厚度5.5m

图 5-38　试验井安 ××-×× 井三次吸水剖面测试对比图

5）对应采油井产量变化

纳滤脱硫酸根装置现场投入运行后，对试验区 15 口采油井整体产量变化进行跟踪。结果如图 5-39 所示。从图 5-39 中可以看出：试验区 15 口采油井产量整体保持平稳，说明注入水经过纳滤脱硫酸根后，对试验区采油井起到了稳产的作用。这种现象可以解释为：注入纳滤水后地层结垢现象得到了抑制，有效地改善了注入水在地层的"锥进"现象，地层吸水剖面和吸水指数增加，吸水能力增强，水驱效率升高。表 5-34 是对 15 口试验井整体产量的统计情况，从统计的结果来看：见效井有 7 口，其中日增油 1～2t 的有 5 口井，日增油 0～1t 的有 2 口井，其余 5 口井产量保持不变，3 口井产量下降。

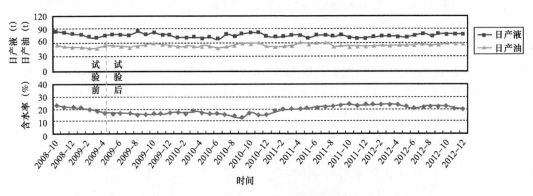

图 5-39　试验区 15 口采油井整体注采曲线

表 5-34　试验后试验区整体情况统计

试验区对应 15 口采油井	单井日增油（t/d）	井数（口）	小计
见效井	↗1～2	5	7
	↗0～1	2	
保持平稳井	0	5	5
产量降低井	↘0～1	3	3

注：↗表示增油，↘表示减油。

2. 实例2：高含硫酸根（＞2000mg/L）

Y注水站注水规模2000m³/d，有82口注水井，该注水站注入水富含硫酸根成垢离子，硫酸根含量2638mg/L，地层水钡、锶离子含量达到了2100mg/L，注入水与地层水结垢严重。2011年10月份在该注水站建成一套处理量2000m³/d的注入水纳滤脱硫酸根防垢装置，产生的浓水回灌至回灌井，该装置2012年4月份正式投运，初见成效。

1）水质监测

现场纳滤装置运行采用一级纳滤＋部分浓水回掺方式，浓水产出率16%～20%，每个月定期对水质进行测试，测试结果见表5-35。

表5-35　Y注水站脱硫酸根水质监测　　　　　　　　　　单位：mg/L

水样	Cl^-	HCO_3^-	SO_4^{2-}	Na^++K^+	Mg^{2+}	Ca^{2+}	总矿化度
源水	842.97	57.15	2645.57	1007.33	151.94	470.94	5175.90
纳滤水	948.34	57.15	1123.59	760.88	72.93	240.48	3203.37
浓水	825.41	68.58	3419.32	1117.78	218.79	581.16	6231.04

2）注水压力动态变化

纳滤脱硫酸根装置投运后，对注水区块82口纳滤注水井进行动态压力跟踪，见效井达到36口，注水压力平均下降1.4MPa，效果显著（图5-40为纳滤注水井注水压力与注水量变化曲线）。

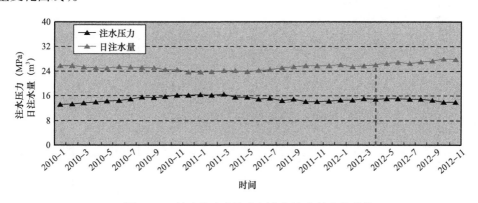

图5-40　纳滤注水井注水压力与注水量变化曲线

3）吸水剖面变化

现场完成了13口试验井不同时间段吸水剖面变化测试，其中11口井的吸水剖面厚度增加0.1～3.4m（表5-36），测试结果如图5-41和图5-42所示，说明试验井注入纳滤水后，地层的渗透率有一定的增大，吸水能力增强，在同样的注水条件下，其水驱波及效率提高。

表 5-36 脱硫酸根后注水井吸水剖面比较

序号	井号	日期 （脱硫酸根前）	注水量 （m³/d）	剖面厚度 （m）	日期 （脱硫酸根后）	注水量 （m³/d）	剖面厚度 （m）	剖面变化 （m）
1	塬 ×3-95	2011-7-15	18	7.1	2012-9-21	18	7.7	↗0.6
2	塬 ×3-97	2011-7-7	25	3.6	2012-9-18	25	5.0	↗1.4
3	塬 ×7-91	2010-9-21	20	5.0	2011-9-20	20	8.3	↗3.3
4	塬 ×9-95	2010-7-16	40	5.0	2012-9-20	40	8.4	↗3.4
5	塬 ×3-89	2011-7-17	25	5.1	2012-9-21	25	5.2	↗0.1
6	塬 ×3-97	2010-8-29	30	5.7	2012-9-18	30	6.4	↗0.7
7	塬 ×1-93	2010-9-23	30	8.6	2012-9-21	30	10.4	↗1.8
8	塬 ×9-93	2011-7-7	15	7.1	2012-7-7	15	9.1	↗2.0
9	塬 ×3-93	2011-7-13	24	5.5	2012-7-8	20	6.2	↗0.7
10	塬 ×3-99	2011-7-9	20	5.3	2012-7-7	20	6.1	↗0.8
11	塬 ×5-89	2011-7-14	25	4.5	2012-9-22	25	4.6	↗0.1
12	塬 ×1-101	2011-7-13	20	5.0	2012-9-19	18	4.0	↘1.0
13	塬 ×5-91	2011-7-14	22	8.0	2012-9-24	25	7.7	↘0.3

注：↗表示剖面厚度增加，↘表示剖面厚度减小。

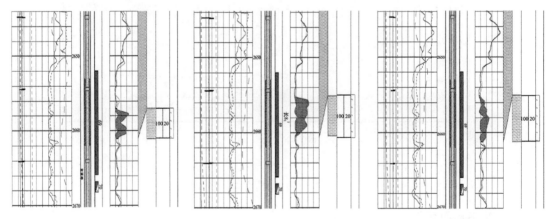

图 5-41 试验井塬 ×3-99 吸水剖面变化

4）对应采油井产量变化

纳滤脱硫酸根装置现场投入运行后，对试验区块 240 口采油井整体产量变化进行跟踪，结果如图 5-43 所示。从图 5-43 中可以看出：采油井整体产量保持平稳，含水率稳定。

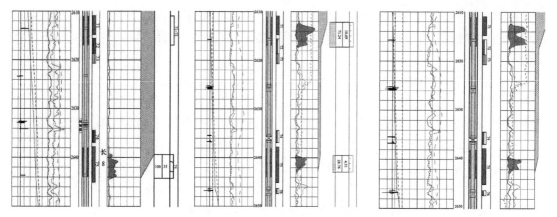

图 5-42　试验井塬 ×7-91 井吸水剖面变化

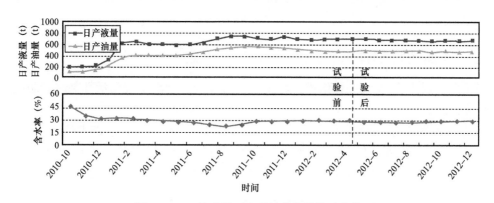

图 5-43　Y 注水站对应采油井整体注采曲线

第四节　表面活性剂体系降压增注技术

一、技术背景

低渗透油藏存在孔隙喉道狭窄、孔隙之间连通性较差、储层中的黏土矿物易水敏等复杂现象。当采用注水开发时，注水井吸水能力差，注水压力偏高，导致注水能力变差和地层能量扩散缓慢，进而造成采油能力差，因此造成"注不进，采不出"问题，严重影响到注水驱油效率[36]。

二、技术原理及特点

表面活性剂可有效降低油水界面张力 σ（从 10mN/m 降到"超低" 10^{-3}mN/m 数量级），降低毛细管附加阻力，避免了注水过程中的压力增加。低渗透油藏一般亲水，毛细管力是水驱油的动力，由于低渗透岩心孔隙小，孔隙分布不均匀，因此大小孔隙中毛细管力相差很大，注入水很容易将油流截断，造成注水压力不断升高。表面活性剂降低了油水的界面张力，将亲水油藏变为弱亲水油藏，从而降低了毛细管力，使大小不同的孔隙中的油水界面均匀向前推进，水驱过后没有留下过多的残余油，因此注入压力会逐渐降低[37-38]。

表面活性剂可以改变油层表面湿润角 θ（使油层表面湿润角 θ 对油、对水都达到 90° 左右，使其 $\cos\theta$ 为 0 或接近 0），降低固—液吸附黏结力。通常水湿性的岩石表面具有较高驱油效率，而疏水的岩石表面具有较高的水相渗透率。通过注入表面活性剂，部分表面活性剂可以在不同润湿性的岩石表面定向吸附，使岩石的润湿性发生转变，降低流体与岩石表面之间的黏附功，进而降低启动吸附水或原油所需能量，从而降低注水压力[39]。

表面活性剂可降低边界层厚度，提高油水相渗流能力从而提高产量[40]。表面活性剂分子的两亲性使其可以吸附在低渗透岩心的边界层流体表面，减小边界层流体的剥落功，减小了边界层流体厚度，使岩心可流动孔喉变大，减小了流体流动阻力，提高了油水相的渗流能力。

三、表面活性剂体系性能特点与工艺参数

表面活性剂体系 COA-2G 组成：氟碳表面活性剂，阳离子表面活性剂，脂肪酰胺丙基氧化铵，助剂。

用清水配制浓度为 0.02% 的表面活性剂体系 COA-2G，测得其具有低表面张力（23.06mN/m，图 5-44）、低界面张力（0.0264mN/m）、耐温耐盐性好、驱油效率高（20%）、渗透率改善效果好（33.58%）的优势。更多实验结果如图 5-45 至图 5-47 所示。

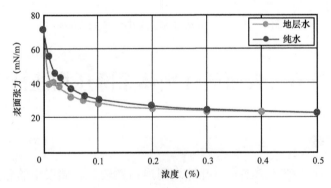

图 5-44　COA-2G 表面张力测试结果（室温：22℃）

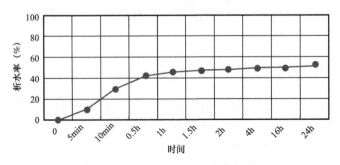

图 5-45　COA-2G 析水曲线

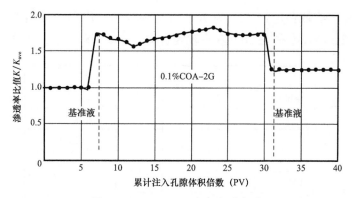

图 5-46 COA-2G 岩心流动实验

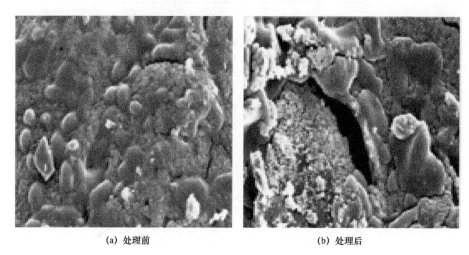

(a) 处理前   (b) 处理后

图 5-47 COA-2G 处理前后孔隙结构

基于储层条件及室内实验渗透率改善结果，计算不同处理液规模下增注效果[41]。

$$\frac{J_i}{J_d}=1+\left(\frac{1}{X_d}-1\right)\frac{\ln\left(r_s/r_w\right)}{\ln\left(r_g/r_w\right)}\qquad(5-18)$$

$$Q=\pi r_s^2 h\phi\qquad(5-19)$$

式中 J_i，J_d——措施后采油指数和酸化前采油指数；

         X_d——措施后的渗透率与原始渗透率的比值；

         r_s——解堵半径，m；

         r_w——井筒半径，m；

         r_g——井控制地层半径，m；

         Q——处理液用量，m³；

         ϕ——地层孔隙度；

         h——储层厚度，m。

在增产半径范围内，COA-2G 用量随增产半径急剧增加，但增产倍数增幅不大，

COA-2G 体系增产倍数在增产半径为 20m 后增幅较小，但用量成倍增加，考虑经济效益，建议 COA-2G 增注半径在 20m 左右较为合适（图 5-48 和图 5-49）。

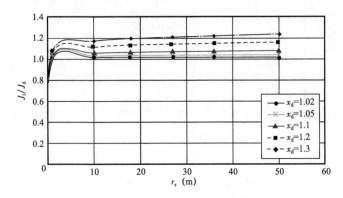

图 5-48　增产倍数与解堵半径关系

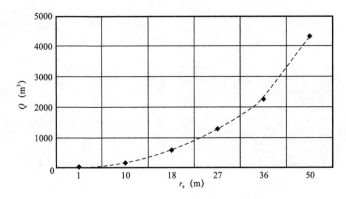

图 5-49　COA-2G 用量与解堵半径关系

对于常规注入工艺，注液速度大小应有利于尽量增大处理半径及增注区渗透率，一般通过模拟计算，并考虑影响注液速度的工程因素和以往超低渗透油藏罗 X 区块化学增注实施经验确定。

理论最大排量据由式（5-20）确定：

$$q_{\text{inja}} = 3.77 \times 10^{-4} \frac{K_{\text{ave}} h \left(p_{\text{Frac}} - p_{\text{S}} \right)}{\mu \left[\ln(r_{\text{e}} / r_{\text{w}}) + S \right]} \quad （5-20）$$

式中　q_{inja}——最大注液排量，m^3/min；

　　　p_{Frac}——地层破裂压力，MPa；

　　　K_{ave}——储层平均渗透率，mD；

　　　h——储层厚度，m；

　　　p_{s}——储层压力，MPa；

　　　μ——地下流体黏度，mPa·s。

对于注液速度的选择基本原则是在不压破地层的条件下，尽可能提高注入速度，有利于增注体系向地层深部推进，也有利于液体的分流[42-43]。

施工排量 $Q < Q_{max}$，为了确保不压破地层，按经验常取：

$$Q = 0.95Q_{max} \quad\quad (5-21)$$

遵循上述原则、参考以往化学增注实践经验（图 5-50），并考虑到设备能力，确定注液速度为：$0.4 \sim 1.5m^3/min$。

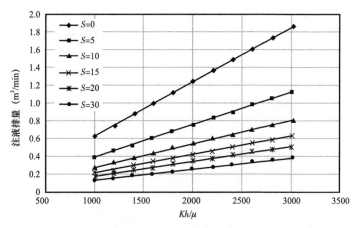

图 5-50　不同流度系数和污染程度与最大注液速度关系曲线

四、现场应用效果

2019—2020 年，共在第四采油厂、第五采油厂、第八采油厂、第十一采油厂试验了 39 口井，单井日增注 $11m^3$，压力下降 2.5MPa，平均措施有效期 215d。以镇北油田镇 X 清水区为例，投注初期压力高，难注入，2015—2018 年新增投注欠注井压力就由 18.9MPa 上升到 20.4MPa。前期试验了重复压裂和酸化解堵技术，有效期短，分别为 132d 和 53d。2019—2020 年，对 6 口高压欠注井采用了表面活性剂技术，压降 0.3MPa，累计增油 467t，其中镇 325-97 井压力下降了 0.5MPa，对应油井镇 305-81 井、镇平 277-9 井日增油 1.5t，累计增油 392t，如图 5-51 和图 5-52 所示。

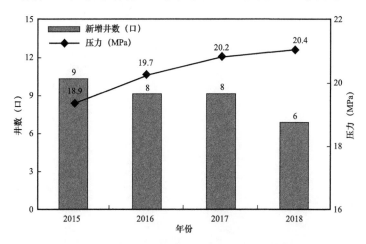

图 5-51　镇 X 区投注即欠注井压力上升情况

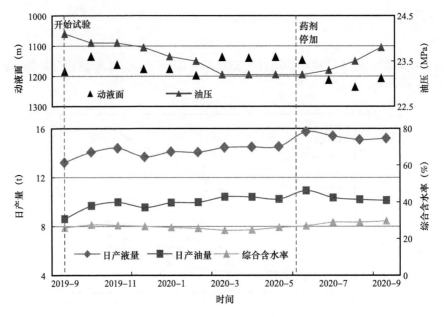

图 5-52　镇 325-97 井组注采曲线

五、取得的认识

（1）表面活性剂增注技术可有效降低注水压力、乳化孔隙原油、提高注入性。

（2）表面活性剂增注技术可有效扩大波及体积，提高洗油效率。

（3）表面活性剂增注技术在长庆油田第四采油厂、第五采油厂、第八采油厂和第十一采油厂等低渗透、特低渗透油藏应用效果均较好，但需要长期投加。

第六章　深部调驱工艺技术

立足注驱采系统工程，深化孔喉缝分布、优势通道与渗流场分布、堵剂运移与滞留等三项规律认识，突出堵剂体系和注入参数要与储层孔喉缝、渗流场高度匹配，实现对渗流场的主动干预、波及控制，追求驾驭渗流场，提高最终采收率。从室内研究着手，深化不同尺度优势通道及见水机理的认识，并针对三叠系及侏罗系注水开发油藏特点及存在问题提出了长庆油田深部调驱的工艺架构。

根据低渗透—超低渗透油藏水驱不均影响因素分析及优势通道量化表征可知，低渗透—超低渗透油藏见水通道以微纳尺度为主，受毛细管力与达西定律共同控制。长期注水开发中出现的优势通道主要有注水动态缝或高渗透条带、微裂缝，其控制范围及尺度如下。

动态缝区（超大、大孔道或特宽、宽裂缝）：距水井30～50m以内，压力梯度为0.2～2MPa/m，水流速度为3～25m/d，尺寸大于8μm（裂缝大于6.1μm），分布在30μm～1.0mm之间。

微裂缝区（中、小孔道或中裂缝、微裂缝区）：距水井30～50m以外，控制孔隙体积占井组控制体积80%以上，压力梯度为0.02～0.2MPa/m，水流速度为1～3m/d，尺寸小于8μm（裂缝小于6.1μm）。

基于以上认识，针对不同尺度优势通道尺寸及范围，研发形成PEG凝胶颗粒、纳米聚合物微球两项调驱体系，优化工艺参数，形成适用于低渗透—超低渗透油藏调剖、调驱、堵驱结合的深部调驱工艺技术。

第一节　PEG单相凝胶调驱工艺技术

对于大尺度优势通道，以往的方法采用冻胶体系在注水井段调剖，但冻胶体系由多种配液组成，质量可控性差、地下成胶风险大，同时体膨颗粒体系粒径大、注入性差。并且，高压注水油藏由于提压空间受限，难以开展调剖。因此研发了微米级粒径、尺度可控的PEG单相凝胶调驱体系。与传统体系相比，配液组分由3～4种简化为1种，颗粒粒径由3～8mm缩小为30～300μm，可采出水配液，施工质量可控性、体系注入性、运移性明显提升[28-31]。

一、凝胶调驱体系合成工艺

以AM（丙烯酰胺）、阴离子单体AA及交联剂MBA为共聚单体，在60～80℃条件下，利用磁力搅拌器在200～500r/min转速下高速搅拌，确保单体完全溶解，采用反相悬浮聚合法在反应釜中稳定反应，合成了PEG凝胶，最后通过剪切得到PEG凝胶颗粒体系。通过预交联、剪切预制，得到百微米级颗粒状乳胶体。图 6-1 为 PEG 凝胶体系合成工艺流程图。

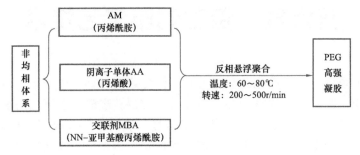

图 6-1　PEG 凝胶体系合成工艺

二、微观形貌及性能评价

1. PEG 凝胶形貌表征

取少量样品置于导电胶上，随后进行喷金处理，采用钨灯丝扫描电子显微镜观察 PEG 凝胶的表面形貌。

从图 6-2 中可以看出，PEG 凝胶初始粒径为 100～150μm，表面呈沟壑状的褶皱结构，分散良好，没有出现粘连现象。

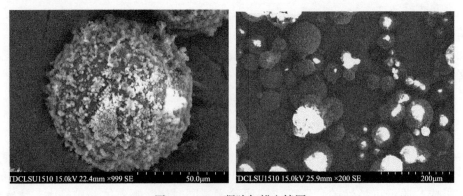

图 6-2　PEG 凝胶扫描电镜图

2. 红外光谱表征图

取少量干燥的样品和溴化钾固体置于研钵中，将二者研磨均匀并加入压片模具中，振荡使其分散均匀，然后将其压成透明度好的薄片试样，将压好的薄片置于红外光谱仪中测试，并记录其红外吸收光谱数据。

图 6-3 中，3489cm^{-1}、3435cm^{-1} 为酰胺基团中伯胺 N—H 键的伸缩振动吸收峰，2924cm^{-1}、2860cm^{-1} 为亚甲基或甲基中 C—H 伸缩振动吸收峰，1654cm^{-1} 为酰胺基团中 C＝O 的伸缩振动吸收峰，1454cm^{-1}、1396cm^{-1} 为 C—H 弯曲振动吸收峰，1190cm^{-1} 处为 C—N 键的伸缩振动吸收峰，上述吸收峰的存在说明合成产品中存在酰胺基团，1295cm^{-1}

和1037cm⁻¹处是磺酸基团中S=O的对称和不对称伸缩振动吸收峰。从图6-3中可以看出没有C=C的伸缩振动吸收峰，说明结构中没有残存的C=C，表明各原料单体充分进行了聚合反应，合成了所需化学组成的产品。

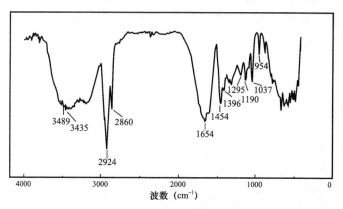

图6-3 红外光谱表征图

3. 成胶强度

相同组分不同的聚合机理制备出的PEG凝胶颗粒其直径不同，稳定性也不同。强度—压缩变形能力宏观测试表明，随着胶体形变的不断加大，胶体强度呈指数变化（图6-4和图6-5）。

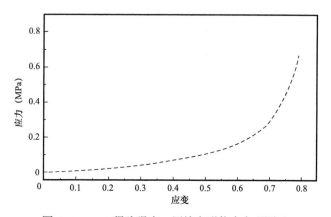

图6-4 PEG凝胶强度—压缩变形能力宏观测试

图6-5 PEG凝胶未剪碎示意图

4. 抗老化性能

根据热分解温度，判断凝胶热稳定性及适宜的温度范围，采用热失重法表征。

热失重曲线测定：取 5mg 的 PEG 凝胶颗粒样品，利用 TA-Q500 热失重分析仪（图 6-6），设定温度范围为 0～800℃，升温速率为 20℃/min，N_2（流速 40mL/min）环境测定样品的失重情况。

图 6-6　TA-Q500 热失重分析仪

图 6-7 为 PEG 凝胶热失重曲线。从图 6-7 中可以看到有几个失重阶段：位于 43～127℃ 区间内热失重量为 4.416%，这是由于样品内残留的未干燥完全的乙醇挥发导致；起始于 170～210℃，终止于 330～370℃，热失重量为 29.61%，与酰胺基团的热分解相对应（理论值为 30.15%）；第二阶段发生在 370～540℃，热失重量为 49.35%，起因于酰氧基团的热分解；第三阶段位于 540℃ 以上的温度区间，此时聚合物主链开始分解。从热失重曲线分析可以看出，在 170℃ 以下自身没有发生分解，凝胶具有突出的热稳定性，能够满足井下使用温度。

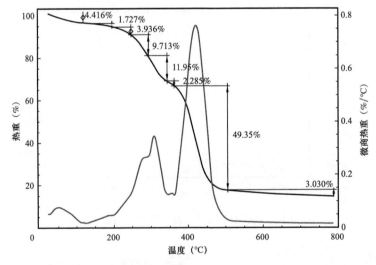

图 6-7　PEG 凝胶体系热失重曲线

5. 抗温抗盐性能

模拟鄂尔多斯盆地延长组油藏温度及地层水矿化度，采用总矿化度为 20g/L、40g/L、60g/L、80g/L、100g/L 的长 6 油藏模拟地层水，配制质量浓度为 0.5%PEG 凝胶颗粒溶液，在温度为 60℃ 的保温箱内烘烤，间隔一定时间后适当搅拌后取少量溶液置于激光粒度仪内测量粒径并记录，实验结果如图 6-8 所示。从实验结果可知，在模拟油藏温度 60℃、矿化度 20～100g/L 时 PEG 凝胶颗粒仍能够溶胀，溶胀后粒径是初始粒径的 1.56～2.08 倍，矿化度对 PEG 凝胶颗粒的水溶胀性能有一定影响，随矿化度的增大，体系抗盐性能有所降低，但该影响较小。

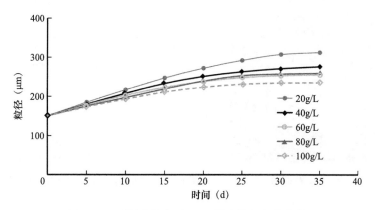

图 6-8　不同矿化度下 PEG 凝胶粒径变化曲线

采用总矿化度为 60g/L 的长 6 油藏模拟地层水，配制质量浓度为 0.5% 的 PEG 凝胶颗粒溶液，模拟油藏温度 40℃、50℃、60℃、70℃、80℃，置于保温箱内烘烤，间隔一定时间后适当搅拌后取少量溶液置于激光粒度仪内测量粒径并记录，实验结果如图 6-9 所示。从实验结果可知，实验范围内温度对 PEG 凝胶颗粒溶胀性能几乎没有影响。

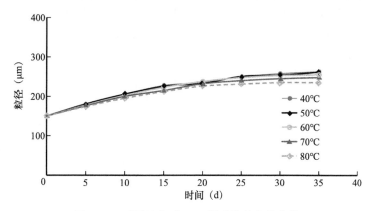

图 6-9　不同温度下 PEG 凝胶粒径变化曲线

6. 注入性能

配制浓度分别为 0.5%、1.0%、1.5% 的凝胶水分散液，观察沉降性能、测量旋转黏度值，从而定性、定量对凝胶的分散稳定性和注入性进行评价。

准确称取 0.5g 凝胶，将其分散在 100g 水中，充分搅拌至凝胶在水中分散均匀，得到质量分数为 0.5% 的凝胶水分散液（图 6-10），利用旋转黏度计测量其旋转黏度值。按照同样的方法分别配置质量分数为 1.0%、1.5% 的凝胶水分散液。

采用旋转黏度计测量凝胶质量浓度为 0.5% 的水分散液，其黏度为 13.4mPa·s，低于规定的 20mPa·s，达到预期设计要求，并且该黏度值显示出凝胶良好的注入性

（图 6-11）。同时，配制好的凝胶水分散液在 60℃恒温条件下静置 7d，基液黏度仍保持在 20mPa·s 以内。表明凝胶水分散性好，稳定性好。因此，确定现场注入时配制成 0.5% 的水分散液。

图 6-10　0.5% PEG 凝胶颗粒液体

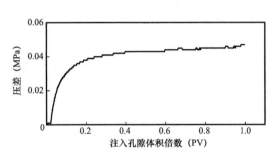

图 6-11　填砂管注入压力变化（0.5% 注入液）

7. 封堵性能

实验材料：凝胶颗粒、油砂（80～100 目），油田注入水（矿化度 59300mg/L）。

仪器及设备：采油化学剂评价装置；真空泵；分析天平，感量 0.01g；玻璃仪器，100mL 具塞刻度量筒及烧杯；搅拌器。

实验参数：填砂管尺寸为 ϕ30mm×500mm，填砂管体积为 353.25cm³，孔隙体积为 78.43cm³，孔隙度为 22.20%，填砂管初始水测渗透率为 307.68mD；注入质量分数为 0.5% 的样品凝胶调驱剂 1PV，即 78.43mL，注入调驱剂后，膨胀 2d、4d、7d、12d 后分别测试水驱渗透率，见表 6-1。

表 6-1　PEG 凝胶封堵实验数据

项目	压差（MPa）	渗透率（mD）	封堵率（%）
堵前测试	0.06	307.68	
堵后 2d	0.25	73.58	76.08
堵后 4d	1.96	8.10	97.37
堵后 6d	4.58	3.35	98.91
堵后 12d	6.34	2.50	99.19

如图 6-12 所示，实验开始阶段，渗透率波动较大，随着注入量的增加，渗透率波动幅度变小，逐渐接近平稳，在某个中值附近上下浮动，达到稳定状态；同时，随着膨胀时间的增加，水测渗透率明显降低，在注入堵剂 6d 后，渗透率能达到 10mD 以下，说明堵剂膨胀后起到了显著的封堵效果。

图 6-13 为水驱过程中压力变化曲线，随着注入量的增加，压力逐渐升高，达到相对稳定状态，同时在压力升高过程中，压力曲线有上下波动的趋势，说明堵剂在岩心中存在封堵—突破的过程；同时，随着膨胀天数的增加，堵剂最后的封堵压力不断升高，原

因是堵剂膨胀倍数增大，对岩心孔喉、优势通道的封堵强度更大，堵剂不容易突破，堵塞了水流通道，使压力升高。

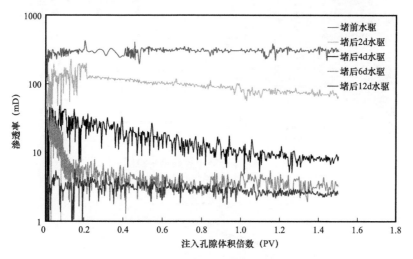

图 6-12　PEG 凝胶注入后渗透率变化曲线

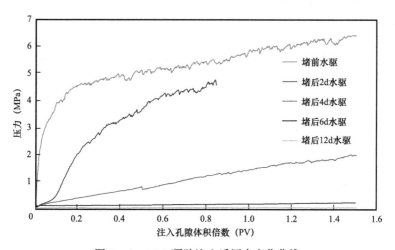

图 6-13　PEG 凝胶注入后压力变化曲线

从岩心渗透率数值和压力分布曲线变化情况可以看出，在注入堵剂后，渗透率数值下降幅度更大，2d 封堵率达到 76.08% 以上，渗透率降低到 73.58mD，6d 封堵率达到 98.91%，渗透率降低到 3.35mD，12d 后封堵率达到 99.19%，渗透率降低到 2.50mD，压力达 6.5MPa，封堵效果好。

8. 工艺参数设计

粒径优化：采用平板微流控模型（图 6-14），模拟不同缝宽，开展驱替实验，选取平均粒径 150μm 的 PEG 凝胶颗粒体系为注入剂，注入浓度 0.5%。

根据不同凝胶颗粒粒径与模拟裂缝宽度之比（径宽比）下模型水驱渗透率的变化，计算 PEG 凝胶颗粒封堵率曲线，如图 6-15 所示。

(a) 实物图　　　　　　(b) 原理图

图 6-14　平板微流控模型示意图
1—上玻璃板；2—下玻璃板；3—玻璃胶；4—注入口；5—出口；6—板夹

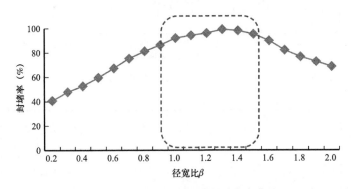

图 6-15　不同径宽比下模型封堵率曲线

从实验结果可知，当凝胶颗粒粒径与裂缝之比（径宽比 β）为 1～1.5 时，微凝胶封堵效果好，封堵率达到 85% 以上。因此在矿场应用时，应根据封堵目标裂缝的宽度确定 PEG 凝胶颗粒的粒径。

注入量优化：根据目标井优势渗流通道表征结果中的超大孔道（特宽裂缝）体积确定注入量。

第二节　纳米聚合物微球调驱工艺技术

针对小尺度微裂缝或高渗透条带造成油藏平面上水驱不均、油井见效程度差异大的问题，利用反相微乳液聚合法研发纳米聚合物微球，注入纳米聚合物微球后，能够进入储层深部，并滞留在优势通道或微裂隙（裂缝）中，实现封堵，使后续注入水发生液流转向，从而扩大水驱波及范围，改善该类注水开发油藏水驱效果，达到控水稳油的目的。

一、纳米聚合物微球合成工艺

通过研制新型乳化剂 TX-10，采用反相微乳液聚合法，控制乳化剂加量，合成了粒径 50nm、100nm、300nm 系列聚合物微球，其合成工艺流程如图 6-16 所示。

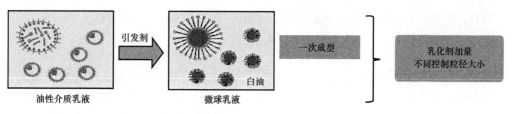

图 6-16　聚合物微球合成工艺过程示意图

二、微球产品性能评价

1.外观及粒径

聚合物微球由于其制备方法的不同,其产品的外观形态也不尽相同。研发的 50nm、100nm、300nm 系列聚合物微球,外观为黄色半透明流动液体(图 6-17),不分层,无絮状物出现。

以 100nm 聚合物微球为例,采用马尔文粒度仪测试粒径分布,从测试结果可知,聚合物微球粒径分布范围窄,D50 值为 107nm(图 6-18)。

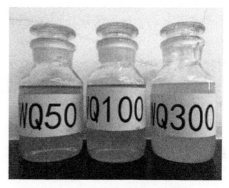

图 6-17　聚合物微球外观图

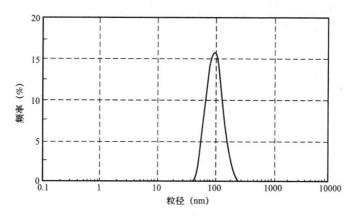

图 6-18　100nm 微球初始粒径分布

2.溶液黏度

以 100nm 聚合物微球为例(下同),其原液形态为流动液体,可均匀分散在水中,将其配制成浓度 2000mg/L 的溶液,溶液黏度为 1.8mPa·s,微球黏度和纯水的黏度基本相同。

3.水分散性

聚合物微球是在水井注水管线直接注入的,这就要求其具有良好的分散性,在随注入水进入地层时可以均匀的进入地层深部,不会由于存在未分散的大颗粒而造成近井地带的封堵。实验选用五里湾一区的注入水(矿化度 20000mg/L)配制浓度 2000mg/L 的分散溶液,以 500r/min 速度搅拌分散溶液,30min 后倒入比色管中目测观察是否有明显的未分散物。实验中100nm聚合物微球样品可以在30min内实现快速分散。

4. 膨胀性能

聚合物微球是以丙烯酰胺为主体，根据需要辅以一定的共聚单体聚合而成的交联水溶性高分子，微观形状为球形或类球形。其高分子结构组成中含有部分亲水基团，在地层水矿化度和温度的作用下，亲水基团可以发生解离，电荷相互排斥，使高分子链条缓慢伸展，水分子从外层逐渐进入高分子团聚体的芯部，聚合物微球发生了水化膨胀。由于亲水基团会受到地层水中的金属离子、温度等因素的影响，因此不同矿化度不同温度条件下，聚合物微球的水化膨胀速度也不尽相同[35, 36]。聚合物微球在地层水矿化度和温度的作用下会发生水化膨胀，在透射电镜的观察下，聚合物微球会形成明显的两层结构，外层为水化膨胀层，内层密度较大，为未水化膨胀层。随着聚合物微球在地层水矿化度和温度的长时间作用下，外面的水化膨胀层逐渐扩大，而中间的未水化层则逐渐减少，体积发生膨胀。

实验选用靖安油田L75-35井的地质条件，采用矿化度为53219.57mg/L的模拟地层水，配制浓度2000mg/L的分散溶液，在55℃下烘烤5d、10d、20d、30d后取样，采用激光光散射粒度分析仪、光学显微镜测量100nm聚合物微球样品膨胀后的粒径分布并观察微球的膨胀形态（图6-19）。

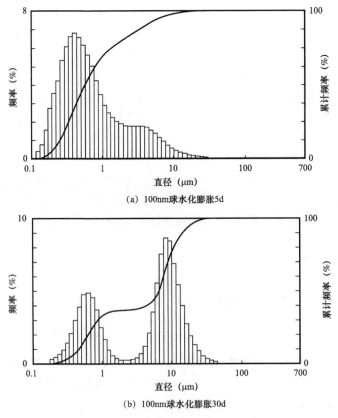

(a) 100nm球水化膨胀5d

(b) 100nm球水化膨胀30d

图6-19　100nm聚合物微球不同烘烤时间条件下的粒径分布图

在靖安油田模拟地层水条件下，55℃下经过5～30d的烘烤，水化后出现粒径分级，一部分颗粒团聚形成大颗粒，分散的小颗粒30d后由100nm膨胀至500～600nm，大颗粒团聚融合成数微米，对于目标油藏地层中存在的微裂缝或压裂通道，团聚的大颗粒可以有效停留，后续的小颗粒滞留于孔隙中增大高渗透层内比表面积，从而降低高渗透层的渗透率，形成一定程度的注水阻力。

5. 耐温性能

靖安油田长6油层的平均地层温度为55℃，部分地区地层温度相对较高，为60℃，本实验主要是考察所选聚合物微球在相对更高的地层温度条件下的适应性能。

实验过程：选取100nm聚合物微球，采用矿化度为53219.57mg/L模拟地层水，配制浓度2000mg/L的分散溶液，分别于60℃下烘烤5d、10d、20d后，采用透射电子显微镜观察不同浓度微球的耐温性变化情况。

实验结果与讨论：选取同一浓度100nm聚合物微球，对比60℃和55℃条件下，利用透射电镜观察微球粒径随烘烤时间的变化情况，结果如图6-20所示。

对比100nm聚合物微球在60℃和55℃下的透射电镜照片，相同烘烤时间条件下，微球芯部（颜色深的部分）60℃与55℃整体相差不大，水化膨胀速度差别较小。在五里湾一区的地层条件下，55℃的烘烤温度对微球膨胀的影响十分有限，表现出良好的耐温性能。

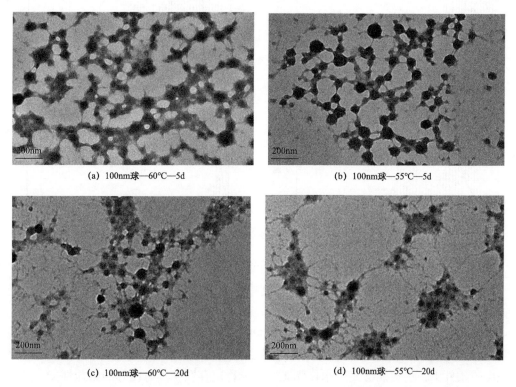

(a) 100nm球—60℃—5d　　(b) 100nm球—55℃—5d

(c) 100nm球—60℃—20d　　(d) 100nm球—55℃—20d

图6-20　100nm聚合物微球在60℃和55℃下烘烤不同时间的透射电镜照片对比

6. 耐盐性

靖安油田的地层水平均矿化度较高，部分区块的矿化度高达 80000mg/L。实验以 L75-35 井的地层水条件为基准，将水中离子含量增加一倍，总矿化度达到 106439.14mg/L，考察所选聚合物微球在这种极端高矿化度地层水条件下的适应性能，见表 6-2。

表 6-2 聚合物微球耐盐性模拟污水离子组成　　　　　　　　单位：mg/L

Na$^+$+K$^+$	Ca^{2+}	Mg^{2+}	Cl$^-$	SO$_4^{2-}$	HCO$_3^-$	总矿化度	总硬度	pH 值	水型
28659.84	11606.16	360.92	65678.22	13.18	120.82	106439.14	30469.90	6.78	CaCl$_2$

实验过程：选取 100nm 聚合物微球样品，采用矿化度为 106439.14mg/L 的模拟地层水（离子组成见表 6-2），分别配制浓度 1000mg/L、2000mg/L、5000mg/L、10000mg/L 的分散溶液，分别于 55℃下烘烤 5d、10d、20d、30d 后，采用激光光散射粒度分析仪，以及结合透射电子显微镜观察不同浓度微球耐盐性情况（图 6-21）。

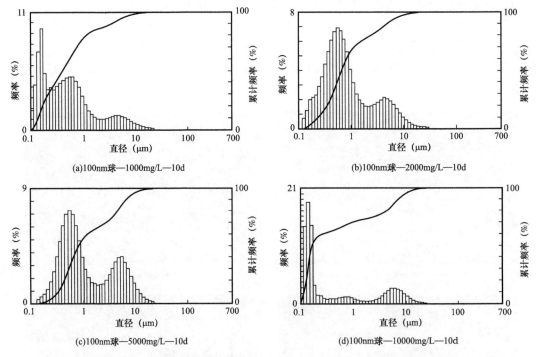

(a)100nm球—1000mg/L—10d　　　　(b)100nm球—2000mg/L—10d

(c)100nm球—5000mg/L—10d　　　　(d)100nm球—10000mg/L—10d

图 6-21　100nm 聚合物微球样品不同浓度、相同烘烤时间下的粒径分布图

100nm 聚合物微球样品在不同配制浓度中，在 55℃条件下烘烤 10d，微球粒径变化趋势基本一致（图 6-22）。

100nm 聚合物微球样品在总矿化度 100000mg/L 的模拟污水中烘烤 10d 后，其形貌仍然为类球形，说明不同配制浓度的微球样品变化趋势差异性不大。表明微球在地层水高矿化度的条件下，仍然能够发生水化膨胀，并能稳定存在，具有良好的耐盐性能。

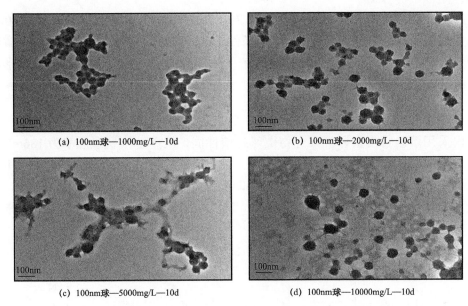

(a) 100nm球—1000mg/L—10d	(b) 100nm球—2000mg/L—10d
(c) 100nm球—5000mg/L—10d	(d) 100nm球—10000mg/L—10d

图6-22　100nm聚合物微球样品不同浓度、相同烘烤时间下的电镜照片对比

7. 耐剪切性

聚合物微球在实际注入油田地层后，随着时间的推移，在地层水离子和温度的作用下，其自身体积发生膨胀。微球在地层的运移过程中，会受到砂石缝隙、狭窄孔喉、孔道处的多次剪切，本实验是考察所选聚合物微球经过高速剪切后，其结构形态的变化规律。

实验过程：100nm聚合物微球，采用矿化度为53219.57mg/L的模拟污水配制成2000mg/L的分散溶液，55℃条件下烘烤10d后，采用上搅拌组织粉碎机，在转速为0r/min、500r/min、1000r/min、2000r/min、5000r/min条件下，持续剪切15min，后采用铜网点样，通过透射电子显微镜观察其形貌变化（图6-23）。

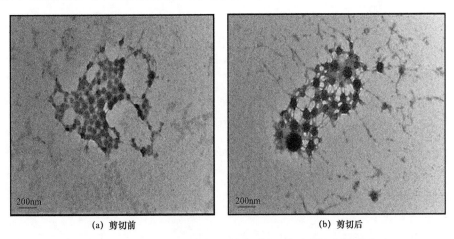

(a) 剪切前	(b) 剪切后

图6-23　100nm聚合物微球经不同转速剪切后的电镜照片

结果与讨论：从电镜照片中可以看出，聚合物微球经过模拟地层条件下烘烤10d后，采用高速组织粉碎机剪切，在不同的转速条件下，其微球形貌仍保持为类球形，微球芯部（颜色深的部分）大小变化不大，并没有因为剪切作用而使得微球被剪碎、变形，具有良好的耐地层剪切能力。

8. 封堵性能

室内采用填砂管模型评价聚合物微球封堵性能，填砂管模型渗透率为186mD，用模拟地层水采用驱替泵以0.5mL/min的速度驱替填砂管，待水驱达到平衡后，采用模拟地层水配制不同粒径微球溶液，浓度为2000mg/L，再注入聚合物微球溶液0.3PV，继续水驱至压力不再变化，水驱渗透率降至13mD，注入微球后，对填砂管模型封堵率高达93%，封堵效果较好（图6-24）。

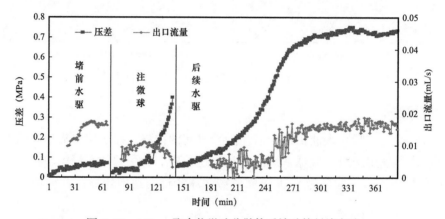

图6-24　100nm聚合物微球分散体系填砂管封堵实验

三、工艺参数设计

1. 注入粒径匹配

聚合物微球主要通过直接封堵、架桥封堵、聚集封堵三种方式实现优势通道封堵，封堵后改变后续水驱渗流方向，达到改善水驱的作用。为了能够运移到油藏深部，实现深部调驱，微球粒径应小于储层喉道直径，满足"注得进"的要求。根据Carman-Kozeny公式［式（6-1）］，在已知孔隙度、渗透率、迂曲度时计算储层平均喉道半径，考虑不同储层条件下微球水化膨胀特性（实验确定），选择微球粒径。

$$K = \frac{\phi r^2}{8\tau^2} \qquad (6-1)$$

式中　K——渗透率，D。

　　　ϕ——孔隙度；

　　　r——平均喉道半径，μm；

　　　τ——迂曲度。

根据鄂尔多斯盆地孔喉结构表征结果可知，致密储层喉道半径主要分布在0.2～1.8μm间，按照1/3架桥、微球水化膨胀3倍综合计算微球粒径与储层匹配关系，注入粒径匹配结果见表6-3。

表6-3 鄂尔多斯盆地不同喉道储层与纳米聚合物微球粒径匹配表

喉道半径（μm）	匹配微球粒径范围（μm）	匹配目前微球粒径（nm）
<0.4	<0.09	50
0.4～1.0	0.09～0.22	100
1.0～2.0	0.22～0.44	300

2. 注入浓度确定

根据室内评价结果（图6-25），随着聚合物微球浓度的增加，阻力因子和残余阻力因子逐渐变大，但在聚合物微球浓度高于2000mg/L后，残余阻力因子增加幅度明显变小。聚合物微球浓度为2000mg/L时，其阻力因子和残余阻力因子分别为18.5和5.7，说明聚合物微球在岩心中形成了有效的封堵，大于2000mg/L之后残余阻力因子增幅不大，因此注入浓度建议设为2000mg/L左右。

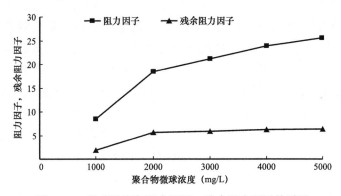

图6-25 微球浓度与阻力因子、残余阻力因子关系图

第七章 低渗透油田注水开发实践

长庆油田历经 50 年发展，在低渗透油藏、特低渗透油藏、超低渗透油藏注水开发方面取得了良好的实践经验，并形成了精细分注、欠注井治理和深部调驱技术系列，在南梁油田、华庆油田、姬塬油田、安塞油田规模应用取得实效。

第一节 南梁油田分层注水

南梁油田位于陕西省志丹县吴堡乡—义正境内，区内地表属黄土塬地貌，地面海拔 1442～1673m，隶属于长庆油田分公司第二采油厂。南梁油田代表性开发区块主要有：三叠系南梁西区、午 86 区长 4+5 区，侏罗系午 243 区、午 225 区等。

一、油田地质概况

南梁油田位于鄂尔多斯盆地南部沉积中心，区域构造位于陕北斜坡南部，该区局部构造为一西倾单斜，坡度不足 1°，斜坡上发育轴向北东—南西向鼻隆构造。全区共发现有利储层 8 个，分别为南梁西延 10 层、长 3 层、长 4+5 层、长 6 层、长 7 层、长 8 层、长 9 层、长 10 层等。侏罗系延安组主要受构造控制，属构造油藏。构造对主力油层长 3 层、长 4+5 层、长 8 层控制作用较小，油气圈闭主要受岩性变化控制。储层平均渗透率 4.4mD，油层厚度 12.1m，非均质性强，隔夹层发育，剖面吸水不均，层间矛盾突出。动用含油面积 95.9km^2，动用石油地质储量 5781.33×10^{4}t。

二、油田开发状况

1. 开发历程

南梁油田西区勘探始于 20 世纪 70 年代初期，先后钻探剖面井、预探井等均未有大的发现，只在侏罗系延安组见到零星出油井点，延长组获含油气显示。直到 1997 年，在该区以长 3 层、长 4+5 层为目的层部署探井，见工业油流，开始围绕长 3 层与长 4+5 层进行滚动开发。长 4+5 油层地层主应力方向为 NE79°，裂缝较为发育，单独采用一套层系开发。2007 年产能建设采取井距 450m、排距 150m、方位 NE78°菱形反九点井网，主向油井很快水淹，平均主侧向压差较大，矛盾比较突出。2009 年调整为 450m×180m，方位 NE78°矩形井网。随着勘探开发技术的不断进步，在整体研究、整体规划、规模动用思路指导下，南梁油田储量动用持续加快，六年内实现五大层系（延 7 层、延 9 层、长 4+5 层、长 6 层、长 8 层）立体开发，原油产量快速攀升，连续三年稳产 60×10^{4}t（图 7-1）。

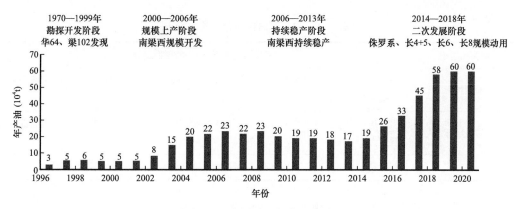

图 7-1　南梁油田年产油曲线

2. 开发现状

截至 2020 年 12 月底，南梁油田油井总井数 1168 口，开井数 1043 口，日产液水平 3281t，日产油水平 1527t，平均单井日产水量 1.5t，综合含水率 53.5%，平均动液面 1082m；水井总井数 503 口，水井开井 444 口，日注水 9121m³，月注采比 2.4，累计注采比 3.05。

3. 开发矛盾

1）储层非均质性强，隔夹层发育

纵向上长 4+5 层分为 2 个小层长 4+5$_1$ 层和长 4+5$_2$ 层，其中长 4+5$_1$ 层根据储层电性特征可以细分为四个小层，隔层主要为泥岩隔层，平均厚度 5.39m，厚度较大。长 4+5 层内主力长 4+5$_1^3$ 层和长 4+5$_1^2$ 层非均质性最强，其次是长 4+5$_2^1$ 层和 4+5$_1^1$ 层，长 4+5$_2^2$ 层最弱。

2）剖面矛盾突出，小层间驱替不均衡

受储层非均质性影响，各小层层间剖面矛盾突出，小层间驱替不均衡，吸水剖面显示层间吸水不均井逐年增加，长 4+5$_1^2$ 层水驱动用程度 70.5%，长 4+5$_1^3$ 层水驱动用程度 52.6%。

3）小层间驱替不均衡，纵向上压力差异较大

由于隔夹层发育，剖面吸水不均，分层压力差异大。主产层长 4+5$_1^2$ 层、长 4+5$_1^3$ 层为高压，其他产层压力保持较低。2020 年，区块递减率及含水上升率增大，需要根据储层特征进行精细分层注水，提高水驱储量动用程度。

4. 技术对策

1）建立南梁油田精细分层注水标准

结合地质及工艺研究，在前期精细地质分层、储层非均质性研究、储层井间预测的基础上，进行了细分层注水研究，形成了南梁油田层间分层注水标准（表 7-1）。

表 7-1　南梁油田精细分层注水标准

隔夹层类型	隔层厚度大于 2m，隔层稳定分布
油藏指标	（1）油层个数不小于 2 个；（2）隔层厚度大于 2m；（3）隔层分布稳定；（4）部分层段不吸水现象突出
地质分层标准	（1）层段内渗透率级差小于 10；（2）渗透率变异系数小于 0.7；（3）小层水驱储量动用程度大于 70%
分注方式	层间整体两层或三层分注，部分区域根据小层储量控制状况实施三层以上分注

2）优化注水参数，改善开发效果

南梁油田根据油藏水驱状况、油井含水率变化等持续开展注水调整工作，以南梁西区、午 86 区长 4+5 层、午 243 区、午 225 区控制含水上升为重点，开展注水调整 825 井次，其中加强注水 388 井次，控制注水 437 井次。对应油井 885 口，油井见效 132 口，单井日增油 0.18t，累计增油 6844t。

3）优化采液强度，调整平面产液结构

侏罗系在合理采液强度研究的基础上，以优化边底水油藏平面产液结构为目的；三叠系以合理流压研究为基础，以优化三叠系油藏主侧向压差为目的，重点在午 225 区、午 243 区、午 235 区、午 292 区、南梁西区、午 86 区长 4+5 层开展采液强度优化 129 井次，平均采液强度平衡在 0.38m³/（d·m），减缓油井含水上升速度。

4）开展油井挖潜，提高单井产能

深化认识储层油水关系，发挥油井分层潜力，以南梁西区、午 235 区、午 243 区等为重点，开展措施解堵 + 措施引效井共 58 口，有效井 50 口，措施前平均单井日产液 1.94m³，日产油 0.60t，含水率 63.9%，动液面 1039m，措施后 6 个月，平均单井日产液 4.44m³，日产油量 1.27t，含水率 66.4%，动液面 908m，单井日增油 1.0t，累计增油 8491t。

三、精细分层注水开发效果

通过加强南梁油田精细分层注水技术研究，加大分注实施力度，试验区分注井数逐年增加，截至 2022 年 6 月底，共实施分注井 380 口，分注率 75.6%，其中桥式同心分注井 285 口，占分注井总数的 88.6%。2011 年以来，随着桥式同心分注的扩大应用，水驱动用程度由 64.2% 上升至 71.9%，自然递减率由 12.8 下降至 6.4%。

重点区块南梁西区长 4+5 油藏为超低渗透油藏，储层渗透率为 0.49mD，且油藏隔夹层发育，发育多个小砂体，平面和纵向上非均质性都较强，笼统注水开发呈现出水驱动用程度低、分层吸水合格率低、分层压力差异大、层内动用不均等问题。通过开展精细分层注水，进一步提升油藏开发水平，形成"丛式大斜度井 + 多级分注"的注水工艺模式，最大井斜为 59.2°，现有分注井 158 口，分注率 85.4%，其中桥式同心分注井 147 口，占比达到 93.0%。近年来，南梁西区通过不断加大日常管理力度，从验封、洗井、除垢、检管四个环节入手，强化管理与治理结合力度，积累了大量先进管理经验。

（1）扩大桥式同心分注工艺应用，满足日益精细的油藏需求。2012年以来，南梁西区先后扩大应用桥式同心分注技术和桥式同心验封测调一体化技术147口，分注率由53.9%上升至85.4%，层间卡距缩短至1m以内，两层分注井测调时间降至2.7h，测调效率大幅提升。测调成功率提升至96.8%，测调效率与成功率大幅度提高。

（2）建立"以洗保调、电控除垢"一体化联动机制，提高测调成功率。按照"周期洗井与以洗保调相结合，优先保障以洗保调需求"的原则，加大以洗保调洗井力度；同时推广电控除垢152井次，成功130井次，节约检串成本1040万元，分注井一次测调成功率大幅提升至96.2%。

（3）实施ABC分级管理分类测试测调，保障重点井需求。根据油藏动态变化等地质需要，提出测试调配分级分类管理模式，重点油藏单井年测调要求达到3井次以上，使全区分注合格率由56.7%上升至75.2%。

随着南梁西区注水管理精细水平的不断提升，南梁西区自然递减率由13.4下降至5.9%（图7-2），水驱动用程度由61.2%上升至72.1%，压力保持水平由75%上升至100.7%，含水上升率下降至2.0%，层间压差下降至0.25MPa，水驱开发效果显著。

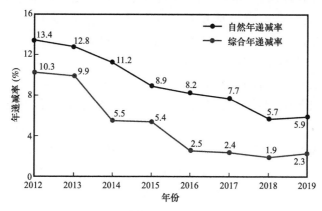

图7-2 南梁西区递减指标变化图

山××-×××井井深1728m，井斜20.12°，配注36m³/d（上20m³/d，下16m³/d），现场验封测调用时3h，仪器示数：电流100~130mA，对应扭矩10.1~13.2N·m。测试结果显示验封可靠，测调达到配注要求。

第二节 华庆油田分层注水

华庆油田三叠系长6油藏是继安塞油田、西峰油田、靖安油田、姬塬油田之后，发现的又一个特大整装油藏。该油藏为低渗透、低压力、低丰度、高饱和的碎屑岩岩性油藏，为典型的三角洲前缘滑塌浊流沉积体系，裂缝极为发育，开发难度大，但通过水平井一系列配套创新成果的应用，该油藏实现了高效开发，各项技术指标均处于同类型油藏开发的前列，创造了长庆油田分公司自重组以来致密油水平井整体高效开发的成功典范。

一、油田地质概况

华庆油田处于鄂尔多斯盆地陕北斜坡西南部，在平缓的西倾单斜（倾角小于1°）背景上发育起伏较小、轴向近东西或北东向的鼻状隆起（幅度10～30m）。该区主力层长6油层组属于三角洲前缘滑塌湖底浊积扇沉积体系，自北向南依次发育前三角洲（内扇）—浊积扇（中扇、外扇）亚相，控砂微相主要以浊积水道和浊积叶状体为主。总体上看，砂体展布方向为北东—南西向，自北东向南西发育元414—元284、白239—白139—里70、白194—白155—白169、山141—山138等四条主要砂体带，砂体宽度为4～6km，平均厚度18.5m。

华庆油田长6油层岩性主要为粉细—细粒长石砂岩，碎屑成分以长石为主，含量最高为50.4%，石英含量21.1%，岩屑含量11.5%；填隙物以铁方解石含量最高（6.13%），其次为绿泥石（4.8%）；孔隙类型以粒间孔、长石溶孔为主，属小孔微细喉型孔隙结构。长6油层孔隙度为11.8%～13.7%，平均孔隙度12.1%；渗透率为0.32～0.55mD，平均渗透率0.53mD。长6油层厚度较大，油层厚度5～30m，平均14.4m。油层厚度分布严格受控于砂体展布，砂岩厚度大的地方，油层厚度大。

华庆油田长6油藏埋深2130m，为典型的超低渗透油藏。地层原油密度0.723g/cm³，地层原油黏度1.07mPa·s，原始地层压力15.8MPa，饱和压力12.08MPa，地层温度69.7℃，溶解气油比115.7m³/t。地层水为$CaCl_2$型，总矿化度113.18g/L，油藏封闭性好，有利于油气的聚集和保存。原油伴生气CH_4含量70.33%，C_2H_6含量13.68%，总含烃量98.08%；含空气1.73%，含$N_2$1.52%，含$CO_2$0.20%，相对密度为0.7929。

华庆油田长6油层敏感性分析表明：长6油层为弱水敏、弱—中等酸敏、弱盐敏、弱速敏、弱碱敏。

华庆油田长6油层为中性—弱亲油，油水相对渗透率实验表明，束缚水饱和度为29.939%，束缚水下油相有效渗透率为0.008mD，等渗点的含水饱和度为55.159%、油水相对渗透率为0.071，残余油时含水饱和度为62.656%，水相相对渗透率为0.200。从相对渗透率曲线上看，华庆地区油水两相渗流带的范围较窄。随着含水饱和度的升高，油相相对渗透率的下降幅度很快，交叉点后水相相对渗透率的上升速度越来越快，油相相对渗透率下降的速度减缓。水驱油实验表明，无水期驱油效率28.48%，含水率95%时为40.78%，含水率98%时为43.76%，最终为45.75%。

二、油田开发状况

1.开发历程

华庆油田长6超低渗透油藏属于典型的致密油。2010年，通过进一步解放思想，转变开发思路，积极推进水平井开发试验，历经单井、井组、区块试验，配套开发技术逐步成熟，2012年实现规模化应用。

水平井开发华庆油田长6致密油，大致经历了三个阶段。

1）第一阶段（攻关试验阶段）

2010年针对华庆油田长6油藏的自身特点，长庆油田开展了水平井的开发方式、注采井网、水平段长度及压裂改造工艺等的研究，认为水平井可大幅度提高单井产量；当年现场完钻水平井12口，投产后单井日产油量6.1t，取得了较好的试验效果。并取得了重要认识：主力贡献层段研究是确保水平井油层钻遇率的保障；水平段长度越长、油层钻遇率越高、单井产量越高；压裂缝密度越大，单井产量越高。

2）第二阶段（扩大试验阶段）

2011年以优化水平井注采井网与裂缝布缝方式为核心，加强室内研究，扩大现场试验。当年现场完钻水平井33口，投产后单井日产油量7.3t，达到了直井的3.5倍以上，坚定了运用水平井开发致密油的信心。在"井网与人工裂缝的匹配性、七点井网与哑铃形布缝方式相结合的注采主体井网、分段多簇压裂改造工艺"方面取得了重要突破，初步形成了适合华庆油田长6致密油特征的水平井开发模式。

3）第三阶段（规模应用阶段）

2012年重点围绕华庆油田长6油藏$30×10^4$t水平井开发示范区建设，开展了井位优选、提高油层钻遇率研究、分段多簇改造工艺关键参数优化、提高钻完井施工效率研究与试验，水平井开发致密油的技术模式进一步完善。

2. 开发现状

截至2020年12月底，华庆油田油井总井数3955口，开井3222口，日产液量8615t，日产油量4191t，单井产能1.3t，综合含水率51.4%；注水总井数1946口，开井1649口，日注水平32295m^3，平均单井日注20m^3，月注采比3.2，累计注采比3.0。

3. 开发矛盾

1）油层厚并多层叠合

华庆油田平均油层厚度为25.7m，较陕北老区、合水平均油层厚度更大（图7-3）。

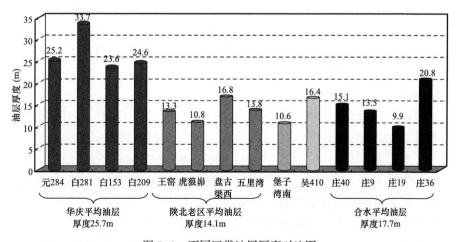

图7-3　不同区带油层厚度对比图

2）沉积环境复杂，储层非均质性强

华庆长 6 油藏属于滑塌浊流沉积，平面上储层连通性较差、非均质性较强。华庆油田长 6 油藏渗透率级差为 606.7，突进系数为 27.4，非均质性强（表 7-2）。

表 7-2　不同区域储层非均质性对比表

油田	区块	层位	岩心分析			
			孔隙度（%）	渗透率（mD）	突进系数	级差
华庆油田	元 284	长 6	12.10	0.40	25.6	674.5
	白 452	长 6	11.70	0.34	26.3	562.9
	白 153	长 6	11.90	0.38	30.3	582.7
	平均		11.90	0.37	27.4	606.7
陕北长 6	虎狼峁	长 6	12.00	0.68	15.7	131.0
	盘古梁西	长 6	12.90	0.88	2.9	183.1
	平均		12.45	0.78	9.3	157.1
吴旗	吴 410	长 6	11.04	0.69	20.8	603.0
合水	庄 9	长 8	11.10	0.36	5.0	121.4
	庄 36	长 8	10.02	0.89	3.4	205.1
	平均		10.56	0.63	4.2	163.3
西峰	白马	长 8	10.10	1.80	6.8	190.3

3）现有分注工艺的适应性有待进一步提升

近年来，通过技术攻关和研究，形成了适应性较强的分层注水工艺技术体系，通过现场应用取得了较好效果。但是随着精细注水的推进，现有分注工艺仍存在几个难点问题。

（1）厚油层多段分注。

受深井、大井斜、小卡距及后期测试调配因素影响，常规分注工艺无法满足油藏上提出的 3 段以上精细分层注水要求，超低渗透油藏 97.8% 的分注井以 2～3 段为主，段数继续增加，会导致测试调配难度增大。

（2）定向井小水量分注。

华庆油田注水井均为定向井，且最大井斜达到 40° 以上；受储层物性等因素影响，单井平均日配注量 26.6m³，单层平均日配注 13.1m³，储层特征以及开发模式决定了华庆油田分层注水工艺具有"小水量"、"定向井"的特点和难点。这使得常规用于直井及浅井的分层注水工艺管柱受到限制，常规注水封隔器的使用寿命降低，分层注水管柱有效期缩短。同时，小水量测调精度有待进一步提高。

（3）测调工作量大，分注合格率有待进一步提高。

斜井由于井身结构的特点，测调仪器在油管内通过时会受到油管内径的限制，如果测调仪器串的径向或轴向尺寸设计不当，就有可能出现仪器遇阻的情况。同时受测调工作量大、成本高的影响，常规分注井无法按照要求及时开展人工测调，因此分注合格率有待进一步提高。

4. 技术对策

1）建立华庆油田精细分层注水标准

以精细小层对比为基础，研究储层特征及注采对应关系，结合生产动态分析，细分注水单元，依托注水单元开展以"单点分注、局部扩大、区域连片"为特征的分层注水模式，形成了华庆油田精细分层注水标准（表7-3）。

表7-3 华庆油田精细分层注水标准

层位	沉积相	特征	油藏指标	分注条件	分注方式
长6	深水重力浊流沉积	单砂体较薄，但复合砂体厚度大、宽度大	（1）油藏个数不小于1个； （2）隔层厚度不小于1m； （3）隔层分布稳定； （4）部分层段不吸水	层间渗透率级差不小于3，隔层厚度不小于1m	整体两层或三层分注，部分区域根据小层储量控制状况实施三层以上分注

2）制订分层注水方案

运用精细分层注水标准，确定白153区主要以长 6_3^{1-1} 层、长 6_3^{1-2} 层层内分注为主；元284区南部以长 6_3^{1-1} 层、长 6_3^{1-2} 层层内分注为主，北部以长 6_3^{1-2} 层、长 6_3^{2-1} 层层内分注为主，如图7-4所示。

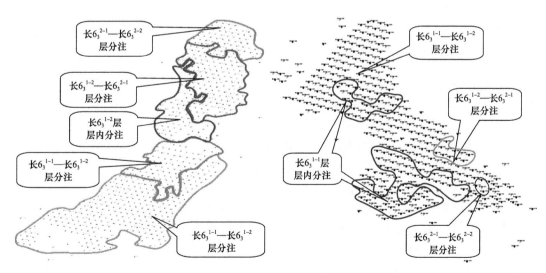

图7-4 白153区、元284区长6油藏分层注水层位图

3）优化小水量精细分层注水开发技术政策

依据注采平衡原理，根据油藏动态变化确定不同时期的合理配注量，单层配注应用

劈分系数法计算单层配注量。针对不同储层及压裂改造方式，采用油藏数值模拟，确定了超低渗透不同储层单井、单层配注量图版。依据单井产量、含水率与注水量统计分析结果（图7-5），确定了单井合理注水开发技术政策为1.0m³/（m·d）。

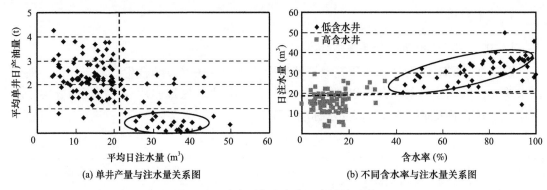

(a) 单井产量与注水量关系图　　　　　(b) 不同含水率与注水量关系图

图7-5　注水量与含水率、产量关系图

4）扩大波码通信数字式分注技术应用，提高分注合格率

为了提高精细分注技术在华庆油田的适用性、满足多级分注要求，2016年以来，在华庆油田成功开展波码通信数字式分注技术试验，实现了地面与井下远距离无线双向通信和远程网络化实时监控。在井下分层流量自动测调满足全天候达标注水的基础上，逐步实现了井下监测的流量、压力、温度等数据无线传输到井口和站控平台，分层注水动态远程实时监控。截至2020年12月底，开展了140口井现场试验，满足最大井深2902m、最大井斜59.3°、最小单层配注量5m³、最多分注层级6层范围要求，助推试验区分注合格率提升至90.3%。

三、精细分层注水开发效果

以白153区块为例，该区块长6₃油藏为三角洲前缘湖底滑塌浊积扇沉积，主要储层相带为浊积水道微相，属岩性油藏，砂体主方向为北东—南西向，油藏中深2025m，有效厚度20.0m，孔隙度11.5%，渗透率0.41mD，原始地层压力15.8MPa，原始气油比115.7m³/t，地面原油密度0.8537g/cm³，黏度6.40mPa·s，地层水矿化度113.18g/L，水型为$CaCl_2$型。主要开采层位为长6₃层，长6₃层细分三个小层，主力层长6₃¹层平均钻遇有效厚度18.1m，长6₃²平均钻遇有效厚度8.6m。本区已探明含油面积31.08km²，探明地质储量2608.47×10⁴t，可采储量489.41×10⁴t，预测采收率18.8%。

白153区2008—2009年大规模建产，主要采用井排距480m×130m的菱形反九点注采井网，同时在油藏的西南部以井排距460m×65m的反五点注采井网、东南部以井排距330m×150m的变菱形井网投入开发。截至2020年12月底，白153区油井总井数382口，开井297口，日产液量695t，日产油量382t，单井产能1.3t，综合含水率44.9%，动液面1389m；注水井总井数136口，开井120口，日注水平2762m³，平均单井日注23m³，月注采比2.9，累计注采比2.9。

白 153 区在开发初期采用笼统注水开发，2009 年年底优选北部 10 个井组开展分层注水攻关，2010 年年底在北部实施整体分层注水试验，2012 年在南部实施整体分层注水试验，2013 年开始层内精细分层注水，2016 年起试验数字式分注。

白 153 区现有注水井 136 口，分注井 131 口，分注率 96.3%，其中波码通信数字式分注井 76 口，占分注井 58%，二层分注 41 口，三层分注 31 口，四层分注 4 口，最小卡距 1m。通过数字式分注技术的扩大应用，实现了分层注水动态连续实时监测和网络信息化管理，区块分注合格率由 70.5% 上升至 91.7%，并长期保持。

1. 试验区递减减缓，开发形势好转

试验区自然递减率呈下降趋势，含水上升率保持稳定（图 7-6 和图 7-7）。

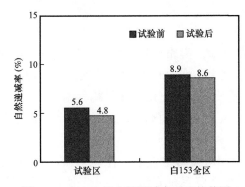

图 7-6　白 153 区自然递减率对比柱状图　　图 7-7　白 153 区含水上升率对比柱状图

2. 吸水状况持续向好

示范区单井注水层段由 2 段上升至 2.5 段，3 段以上井占 49.6%，各类油层特别是 1m 以下非主力层吸水比例提高幅度较大。平均吸水厚度由 19.5m 上升至 20.2m，油层动用比例提高 3.6 个百分点；水驱储量动用程度由 65.6% 上升至 67.2%（图 7-8）。

3. 地层能量逐步上升

对比试验前，试验区地层压力稳中有升，高压区向中部扩展，对比白 153 区，试验区较全区高 0.1MPa，地层压力保持水平上升 0.6%（图 7-9）。

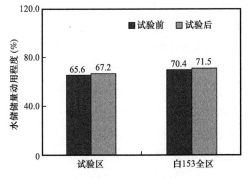 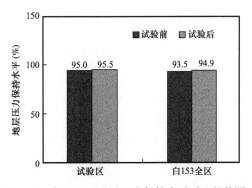

图 7-8　白 153 区水驱状况对比柱状图　　图 7-9　白 153 区地层压力保持水平对比柱状图

第三节　姬塬油田欠注井治理

姬塬油田位于陕西省定边县、吴起县及宁夏回族自治区盐池县境内，东起吴仓堡，西到麻黄山，北自小涧子，南到康分岔，勘探面积 3680km² 左右。姬塬油田主要包括麻黄山、冯地坑、马家山、姬塬、堡子湾、铁边城、王洼子、吴仓堡等区域。

姬塬油田由长庆油田分公司第三采油厂、第五采油厂、第七采油厂、第八采油厂、第九采油厂共同管理开发，是长庆油田分公司 21 世纪实现油气当量 3000×10⁴t 的重点勘探开发地区之一。姬塬油田 2012 年产原油 688.56×10⁴t，成为长庆第一大油田。

一、油田地质概况

姬塬油田地表为典型的黄土塬地貌，沟谷纵横，梁峁交错，地形较为复杂。地面海拔一般为 1380～1525m，相对高差约 150m。地表为 100～200m 厚的第四系黄土覆盖。夏季高温多雷雨，秋季凉爽而短促，冬季干旱且漫长，日照充足。年平均气温 8℃，年平均降水量 397mm，无霜期约 126d，冬春季多西北风及沙尘。区内交通较为便利，砂石公路横贯全区。

姬塬油田位于陕北斜坡的中西部，西倾单斜坡度 0.5°左右，平均坡降 8～10m/km，在区域西倾单斜的构造背景下，三叠系延长组和侏罗系延安组发育一系列由东向西倾没的小型鼻状隆起。鼻状隆起的起伏形态与倾没方向与斜坡的倾向近于一致。

姬塬油田具有多套含油层系，自上而下有侏罗系延 7 层、延 8 层、延 9 层、延 10 层，三叠系长 1 层、长 2 层、长 3 层、长 4+5 层、长 6 层、长 8 层、长 9 层，其主力产层为长 2 层、长 4+5 层、长 6 层、长 8 层。

延长组沉积时期是鄂尔多斯湖盆发育的鼎盛时期，该地区受东北部物源的影响，沉积了一套三角洲平原和三角洲前缘相砂体。三叠系沉积末，受印支运动的影响，该区随着盆地的进一步抬升，延长组顶部地层遭受不同程度的剥蚀，形成沟壑纵横、丘陵起伏的古地貌景观，形成了南有甘陕古河，北、东有宁陕古河，西部是姬塬高地的古地貌景观。区内延安组延 7 层、延 8 层、延 9 层、延 10 油层组均属于内陆曲流河沉积，延长组长 2 层、长 3 层、长 4+5 层、长 6 层、长 7 层、长 8 层、长 9 油层组主要属于三角洲沉积，（水下）分流河道砂体展布大致为北东—西南向[44-48]。

延 9 油层组河道砂体平面形态均为条带状，砂体宽 0.8～2km，纵向上砂体呈厚层块状。储集岩性为中粒长石岩屑石英砂岩与长石质石英砂岩，石英含量 50%～70%，长石含量 15%～30%，岩屑含量小于 15%。储集岩物性好，平均渗透率 148.9mD，平均孔隙度 16.2%。孔隙类型主要为残余粒间孔。孔隙结构以大孔中喉与中孔中小喉为主。驱替压力低（0.068～0.5MPa），喉道中值半径大（0.59～3.42μm），孔喉分选较差（分选系数 1.64～5.07），退汞效率低（29%～46.8%），进汞饱和度高，一般大于 80%，最高可达 94%。

长 2 油层属于三角洲平原分流河道沉积，分流河道砂体普遍发育呈带状，平均孔隙度为 13.34%；平均渗透率为 6.43mD，总体上属低渗透—特低渗透油层。长 4+5 层、长 6 油层为三角洲平原分流河道沉积，砂体展布总体为北东—南西向，埋深 1870～2430m，厚度稳定在 26～40m，平均孔隙度 10.2%～11%，渗透率 0.77～1.85mD。长 8 油层属三角洲前缘水下分流河道沉积，油藏埋深 2540m，有效厚度 11.0m，平均孔隙度 9.4%，平均渗透率 0.56mD。

由条带状砂体与轴向北东—南西向鼻状构造配合形成延 9 油藏圈闭，延 9 油藏受岩性、构造双重控制，油藏埋深 1950～2200m，具有底水，但底水不活跃，属弹性弱水压驱动；长 2 油藏、长 4+5 油藏、长 6 油藏、长 8 油藏具有天然边底水能量分布，但相对较弱，油藏内溶解气量大，产量递减快，能量迅速释放后供液不足，为溶解气驱和弹性弱水压混和驱动类型，生产一段时间后，油藏驱动类型渐变为弹性弱水压驱动。

延 9 层地面原油相对密度 0.816，凝固点 6℃，黏度 3.32mPa·s，属低黏度、低凝固点、低相对密度原油。长 2 层地面原油密度为 0.85g/cm³，黏度为 6.17mPa·s，凝固点为 20.1℃，原油性质较好，具有低密度、低黏度的特征。长 4+5 层地面原油相对密度 0.84，地层原油黏度 2.8mPa·s，原始气油比 87.47m³/t，地层原油饱和压力 4.91MPa。长 6 层地面原油密度平均为 0.744g/cm³，黏度平均为 1.455mPa·s；饱和压力平均为 9.43MPa；原始气油比平均为 96.8m³/t；体积系数平均为 1.27；溶解系数平均为 8.557m³/MPa。长 8 层地面原油密度 0.733g/cm³，地层原油黏度 1.403mPa·s，原始气油比 97.53m³/t，原始地层压力 19.1MPa；长 9 层地面原油密度 0.8508g/cm³、黏度 5.77mPa·s。

延 9 层地层水总矿化度 56659mg/L，水型为 $CaCl_2$ 型。长 2 层地层水总矿化度平均为 108387.01mg/L，pH 值平均为 6.19，水型为 $CaCl_2$ 型，说明姬塬油田长 2 油藏封闭保存条件较好，有利于油气的聚集成藏。长 4+5 层地层水矿化度 62.02g/L，以 $CaCl_2$ 型为主。长 6 层地层水总矿化度 43.27～110.58g/L，平均为 73.77g/L，呈弱酸性，pH 值平均 6.6，地层水属 $CaCl_2$ 型，表明油藏为陆相湖泊型成因，油藏具有较好的封闭性。长 8 层地层水矿化度 108.27g/L，水型也为 $CaCl_2$ 型，有利于长 8 油藏封闭保存[49]。

二、油田开发状况

1. 开发历程

姬塬油田石油勘探始于 20 世纪 70 年代，初期勘探以延安组为目的层，在古高地上钻探的姬字号、黄字号及斜坡地带钻探的庆字号、盐字号、元字号井，在延安组延 9 层、延 10 层均见到不同程度的含油显示，部分井延 9 层、延 10 层获工业油流。

2002—2005 年，围绕侏罗系出油井点展开滚动开发，共动用含油面积 26.4km²，地质储量 1464×10⁴t，建产能 31.5×10⁴t。2003—2004 年在耿 19 井区、耿 32 井区长 2 油藏首次开展超前注水试验开发，三年共动用含油面积 28.5km²，地质储量 1145×10⁴t，建产能 28.6×10⁴t。2005 年在侏罗系和长 2 层建产的同时，对堡子湾、马家山区、铁边城长 4+5 油藏，坚持边勘探、边评价、边试验、边建产的原则，进行试验开发，当年共建

产能 $15.4 \times 10^4 t$。2006 年在长 4+5 层储量进一步探明的基础上，选择储量控制程度高的长 4+5 层集中部署建产，在吴仓堡区长 2 层以上试油产量较高的井区进行滚动建产，建产能 $51.2 \times 10^4 t$。2007 年在罗 1 井区长 8 油藏进行超前注水试验，采用菱形反九点注采井网，井排方向 NE70°，井距 480m，排距 130m；完钻井 9 口，主力层长 8_1^1 层有效厚度 11.0m，试油井均日产纯油 $26.2 m^3$，当年建采油井 6 口，单井产能 3.89t/d，建成产能 $0.7 \times 10^4 t$。2008—2012 年在罗 1 井区、罗 38 井区、池 46 井区等井区对长 8 层进行规模开发，采用菱形反九点井网，井距 480m、排距 130～150m 进行超前注水开发，建成产能 $197.4 \times 10^4 t$，产建整体实施效果好。

2. 开发阶段

1）自然能量开采阶段（1998—2004 年）

2001 年开始，在研究侏罗系油气成藏和富集规律的基础上，在姬塬地区围绕侏罗系出油井点展开滚动开发，先后开发了盐 18-8 井区延 8 油藏，姬 1 井区、盐 12 井区、黄 9 井区等井区延 9 油藏，耿 20 井区延 10 油藏。

2）大规模注水开发阶段（2005—2012 年）

耿 19 井区、耿 32 井区长 2 油藏超前注水试验开发的成功拉开了姬塬油田大规模注水开发的序幕，长 4+5 油藏、长 6 油藏、长 8 油藏相继投入注水开发，截至 2012 年年底，姬塬油田年产油 $688.56 \times 10^4 t$，成为长庆第一大油田。

3. 开发现状

截至 2020 年 10 月底，地质储量 $108987.61 \times 10^4 t$，其中动用含油面积 $1547.03 km^2$，动用地质储量 $77502.51 \times 10^4 t$；技术可采储量 $15224.81 \times 10^4 t$，累计建产能 $919.4 \times 10^4 t$。

截至 2020 年 10 月底，姬塬油田共有采油井 19963 口，开井 14457 口，日产油量 17761t，平均单井日产油量 1.2t，年产油量 $555.17 \times 10^4 t$，采油速度 2.09%，累计产油量 $7093.5 \times 10^4 t$，采出程度 7.2%，综合含水率 58.2%；共有注水井 3724 口，开井 3453 口，日注水平 $75772 m^3$，平均单井日注水量 $22 m^3$，年注水量 $2435.1 \times 10^4 m^3$，月注采比 1.88，累计注水 $7985.8 \times 10^4 m^3$，累计注采比 1.35。

4. 主要开发矛盾

姬塬油田自开发以来，受欠注问题影响，存在注采失衡、地层能量不足、单井产量低的问题，最终影响了最终采收率的提高。姬塬油田面临的矛盾主要表现在以下三个方面。（1）高压欠注井数多，部分区块呈现高破裂压力、高启动压力梯度和高挤注压力的特征。2010—2015 年，每年新增欠注井至少 700 余井发生欠注，日欠注 $2000 m^3$ 以上，地层压力保持水平在 80% 左右。（2）平均措施有效期短。2010—2015 年每年进行增注措施 1048 井次，以酸化为主（占 80% 以上），但平均有效率仅为 73%，有效期 136d。（3）多次措施无效井数多。截至 2022 年 6 月底，欠注井中有近 70% 已经实施过增注措施，多次措施效果逐年降低。由于长期欠注，导致产量下降，2016 年自然递减率 14.2%，稳产形势严峻[50-51]。

姬塬油田注水井欠注，特别是高压欠注和多次措施无效欠注问题已成为制约其经济有效开发的重要因素，围绕姬塬长 8 油藏欠注问题，重新认识油藏，深入研究欠注机理，明确姬塬油田长 8 油藏欠注主要由以下两方面造成。

（1）储层物性差，注水启动压力高，注水压力高。以姬塬长 8 油藏为例，其渗透率分布主要在 0.27～0.66mD 之间（表 7-4 和表 7-5）。与西峰、镇北长 8 油藏 0.1～0.5MPa/m 启动压力梯度相比，姬塬长 8 油藏启动压力梯度为 1～2MPa/m，导致注水压力更高，也是造成多次措施无效井较多的主要原因（图 7-10 和图 7-11）。

表 7-4　姬塬长 8 与其他长 8 储层物性对比

井区	样品块数	物性参数	
		孔隙度（%）	渗透率（mD）
黄 3—黄 39	2346	7.83	0.27
黄 57	777	8.68	0.53
罗 1	1383	9.29	0.66
环江	26	9.24	0.33
耿 271	9	10.45	0.91
耿 73	37	9.05	0.46
姬塬长 8 小计	4911	8.48	0.44
西峰长 8	10438	10.34	1.43
白豹	70	10.86	0.87
镇北	73	11.29	1.43
马岭	—	10.00	0.72

表 7-5　孔隙类型及含量对比表

地区	层位	孔隙类型及含量（%）									面孔率（%）	平均孔径（μm）
		粒间孔		溶孔				晶间孔		微裂隙		
		含量	占面孔率百分比	长石溶孔	岩屑溶孔	小计	占面孔率百分比	含量	占面孔率百分比	含量		
姬塬	长 8₁	1.21	47.79	1.14	0.01	1.27	47.33	0.05	2.06	0.02	2.43	30.27
西峰	长 8₁	2.70	62.36	1.08	0.22	1.30	30.02	0.24	5.54	0.09	4.43	38.33
白豹	长 8₁	1.62	55.86	0.85	0.12	0.97	33.45	0.07	2.41	0.24	2.90	45.00
镇北	长 8₁	2.23	53.52	1.38	0.26	1.64	40.10	0.15	3.67	0.07	4.09	53.00
马岭	长 8₁	1.60	53.51	1.12	0.23	1.35	45.15	0.02	0.67	0.02	2.99	41.61

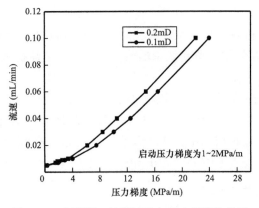 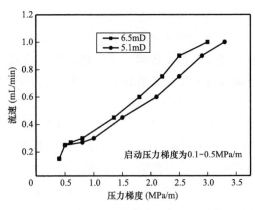

图 7-10　姬塬长 8 油藏流速与压力梯度的关系　　图 7-11　镇北长 8 油藏流速与压力梯度的关系

（2）地层水和注入水水型不配伍，区块结垢严重。姬塬油田结垢类型以碳酸钙、硫酸钡、硫酸锶为主，平面上，结垢类型、结垢区域差异大。与长庆油田其他区块结垢量低于800mg/L 相比，姬塬油田注入水和地层水中成垢离子含量更高，结垢量均超过 1200mg/L，姬塬长 8 油藏和长 4+5 油藏结垢量甚至超过 2100mg/L，结垢现象更突出、更复杂（表 7-6）。

三、增注工艺技术应用

姬塬油田自注水开发以来，高压欠注问题突出，由于长期欠注，导致地层压力保持水平低，稳产难度较大。2015 年以前存在常规措施效果较差，措施有效率低，措施有效期短的现象，增注工艺技术以酸化为主（占80% 以上），但平均有效率仅为73%，有效期 136d。由于储层物性差、水质不达标和注入水与地层水不配伍导致边治理、边欠注，现有欠注井中有近 70% 已经实施过增注措施（图 7-12 至图 7-14）。

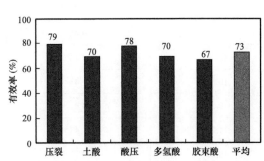

图 7-12　2012—2015 年姬塬油田措施有效率情况统计

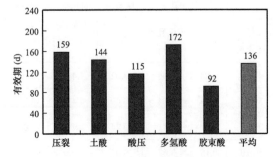

图 7-13　2012—2015 年姬塬油田措施有效期统计

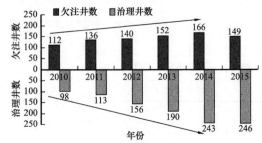

图 7-14　姬塬长 8 油藏历年欠注井数和治理井数对比图

表7-6　长庆主要油田区块注入水与地层水配伍表对比

区块名称	开采层位	地层水性质				注入水性质				结垢类型	结垢量(mg/L)
		Ca^{2+}(mg/L)	Ba^{2+}(mg/L)	水型	总矿化度(g/L)	SO_4^{2-}(mg/L)	HCO_3^{-}(mg/L)	水型	总矿化度(g/L)		
安塞	长10	2500	44	$CaCl_2$	14.0	74	290	Na_2SO_4	0.58	$BaSO_4$, $CaCO_3$	37, 138
姬塬	长8	6280	2180	$CaCl_2$	100.0	2200	64	Na_2SO_4	4.40	$BaSO_4$, $CaCO_3$	2196, 40
西峰	长8	1769	846	$CaCl_2$	49.4	109	331	Na_2HCO_3	0.44	$BaSO_4$, $CaCO_3$	212, 117
镇北	长8	2598	709	$CaCl_2$	54.6	1000	210	Na_2SO_4	2.10	$BaSO_4$, $CaCO_3$	714, 78
杏河北	长6	16306	658	$CaCl_2$	100.1	206	298	Na_2SO_4	0.87	$CaCO_3$, $BaSO_4$	283, 282
候北	长6	22289	497	$CaCl_2$	93.0	44	298	$NaHCO_3$	0.53	$BaSO_4$, $CaCO_3$	352, 86
大路沟	长6	20082	606	$CaCl_2$	99.6	138	381	Na_2SO_4	0.87	$BaSO_4$, $CaCO_3$	235, 253
华庆	长6	4890	898	$CaCl_2$	98.3	468	147	Na_2SO_4	1.50	$BaSO_4$, $CaCO_3$	592, 112
吴420	长6	4772	1943	$CaCl_2$	99.8	497	167	Na_2SO_4	1.92	$BaSO_4$, $CaCO_3$	846, 262
元48	长4+5	2863	997	$CaCl_2$	67.0	560	106	Na_2SO_4	1.73	$BaSO_4$, $CaCO_3$	670, 175
姬塬	长4+5	8422	2436	$CaCl_2$	118.2	2519	43	Na_2SO_4	4.55	$BaSO_4$, $CaCO_3$	2402, 83
白豹	长4+5	8849	1693	$CaCl_2$	132.3	171	366	Na_2SO_4	0.87	$BaSO_4$, $CaCO_3$	287, 132
白豹	长3	7229	1084	$CaCl_2$	118.8	178	349	Na_2SO_4	0.86	$BaSO_4$, $CaCO_3$	346, 125
姬塬	长2	7920	1074	$CaCl_2$	109.3	2005	87	Na_2SO_4	5.32	$BaSO_4$, $CaCO_3$	1200, 94
耿155	长1	4700	1364	$CaCl_2$	81.2	1080	97	Na_2SO_4	2.48	$BaSO_4$, $CaCO_3$	1144, 57

1. 局部增压在线增注技术 +COA-2 综合降压增注药剂

针对启动压力高和多次措施无效高压欠注井，采用局部增压在线增注技术。该装置由增压、加药和控制系统三部分组成，最高实现 10MPa 增压；设计可管辖 3～7 口井、100～300m³/d 不同规模的增压装置，提高了适应性。为防止压力再次上升超过系统压力，投加新型 COA-2 综合降压增注药剂体系，确保控压注水。该药剂性能：防膨率不小于 30%，表面张力不大于 3.5×10^{-3}mN/m，阻垢率不小于 95%。加药浓度：0.1%～0.4%，药剂投加后，岩心渗透率恢复达到 60% 以上。

表 7-7　不同型号注水泵及加药泵工艺参数对比

项目名称	注水泵				加药泵		
排量（m³/d）	100	150	200	300	2.4	3.6	4.8
扬程（MPa）	10	10	10	10	30	30	30
功率（kW）	30	37	45	55	5.5	8.5	11.0
效率（%）	60	63	65	67	86	88	89
适用井数（口）	2～3	3～5	4～6	4～7			

2. 在线酸化施工工艺技术

针对常规酸化酸液性能和工艺复杂的问题，采用 COA-1 系列酸液体系，应用高效、便捷的在线酸化施工工艺。该 COA-1S 酸液对常规金属阳离子沉淀能力提升 20%，新增钡、锶离子沉淀抑制能力，抑制率达 70%，腐蚀性能仅为行业一级标准的 10%。基于 COA-1S 酸液性能特点，研发了在线注入设备、定型不动管柱连续在线酸化施工工艺，实现了"不泄压、不动管柱、不停注、不返排"的"四不"施工工艺（表 7-8 和图 7-15）。

表 7-8　酸液螯合性能评价表

酸液类型	CaF₂ 抑制性（%）	NaSiF₆ 抑制性（%）	Al（OH）₃ 抑制性（%）	Fe（OH）₃ 抑制性（%）	BaSO₄ 抑制性（%）	SrSO₄ 抑制性（%）
土酸	—	—	—	—	—	—
多氢酸	60.72	31.45	26.41	36.26	—	—
COA-1	93.71	67.81	71.19	80.56	—	—
COA-1S	98.81	92.25	95.38	96.62	75.32	73.21

3. 注入水纳滤脱硫酸根技术

针对水型不配伍、结垢严重的问题，从注水源头控制硫酸根含量，采用注入水纳滤脱硫酸根技术。姬塬长 8 油藏区域内有纳滤处理站点 6 座，日处理量 6003m³，对应注水井 317 口，占姬塬长 8 油藏注水井的 19.2%，基本实现了覆盖主要结垢区块（图 7-16）。

图 7-15　COA-1 系列在线酸化现场示意图

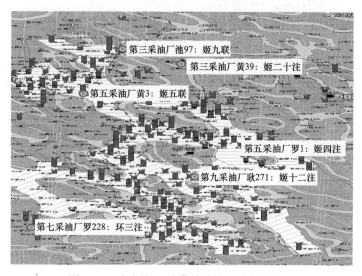

图 7-16　姬塬长 8 油藏纳滤处理站点分布图

4. 表面活性剂技术

针对注水井吸水能力差、注水压力偏高、"注不进，采不出"的问题，采用表面活性剂体系 COA-2G 药剂体系。该体系可以改变储层润湿性，解除水锁伤害，改善储层表面电性，抑制原油吸附在黏土表面，通过和岩石表面静电吸附，形成沉积膜，迫使原来的孔道壁面的水膜变薄、脱落。室内实验表明：该药剂体系可使注入压力降低 3～5MPa（表 7-9）。

表 7-9　表面活性剂驱与注入水驱压力对比

驱替液	最大注入压力（MPa）	最小注入压力（MPa）	驱替总时间（h）	束缚水饱和度（%）	含油体积（mL）	采出程度（%）
水	17.7	13.60	19	34.7	2.29	22.7
表面活性剂	13.3	10.53	18	49.0	1.79	25.1

5. 整体应用效果

2016—2020年，姬塬油田开展COA-1系列在线酸化井312井次，覆盖侏罗系及三叠系各个层位，措施有效率为88.7%。通过实施局部增压在线装置114座，治理欠注井318井次，措施有效率95.2%。在姬塬、环江油田现场应用8套纳滤水处理装置，覆盖注水井525口，硫酸根离子浓度大幅度下降，由1592mg/L降低到170mg/L，压力上升速率由1.0MPa/a下降到0.27MPa/a。试验表面活性剂体系降压增注27井次，措施有效率92.5%，平均单井降低0.5MPa。

（1）增注效果显著。2016—2020年，在姬塬油田第五采油厂、第六采油厂、第七采油厂总计治理欠注井367井次，累计增注$125 \times 10^4 m^3$。

（2）对应油井产量保持平稳。232口注水井对应1175口采油井，其中694口油井见效，对应产量上升，累计增油$4.27 \times 10^4 t$。

（3）开发形势向好。油藏压力保持水平和水驱动用程度较2014年分别提升5.7%和9.6%，自然递减率和含水上升率分别下降2.7%、1.8%。以采油五厂为例，2016—2020年，重点采用COA-1系列在线酸化、局部增压等在线增注技术，共治理欠注井165口，日欠注量由3740m³下降到1139m³，配注合格率由93%上升到97.5%，三叠系地层压力保持水平由92%上升到94%，侏罗系地层压力保持水平由82.5%上到90.9%，取得显著效果。

通过多措并举治理，姬塬油田高压欠注问题得到了有效遏制，集中实施区块油藏开发效果改善明显，为同类油田高压欠注问题治理提供了宝贵经验。

第四节　安塞油田深部调驱实践

一、安塞油田概况

1. 地理位置

安塞油田位于陕西省延安市境内，属黄土塬地貌。地表被100～200m厚的第四系黄土覆盖，地形复杂，沟壑纵横，梁峁参差。地面海拔1100～1580m，地表高差较大（150～250m）。当地气温变化大，四季分明，干旱少雨，属内陆干旱型气候。

2. 地质概况

安塞油田位于鄂尔多斯盆地伊陕斜坡的中东部，构造活动十分微弱，地层产状平缓，地层倾角0.5°左右，平均地层坡降6～8m/km。所处区域构造单元属于鄂尔多斯沉积盆地陕北斜坡东部。构造为一平缓的西倾单斜，倾角不足1°，在单斜背景上由于差异压实作用，在局部形成起伏较小轴向近东西或北东—南西向鼻状隆起（隆起幅度10～20m）。这些鼻状隆起与三角洲砂体匹配，对油气富集有一定控制作用。

主要含油层系为三叠系延长组长6油层。长6油层组自下而上可分为长6_3层、长6_2

层、长 6_1 层三个层，其中长 6_1 层分为长 6_1^1 层、长 6_1^2 层两个层，长 6_1^1 层细分为长 6_1^{1-1} 层、长 6_1^{1-2} 层、长 6_1^{1-3} 层三个小层，主力含油层为长 6_1^{1-2} 层、长 6_1^2 层、长 6_3 层，油藏埋深 1580m。

储层总面孔率 2.43%～9.7%，平均孔径 33μm，东部孔隙类型以剩余粒间孔为主，其面孔率为 6.24%，其次为浊沸石溶孔，其面孔率为 3.9%；再次为长石溶孔和岩屑溶孔（面孔率为 0.25%～1.1%）。根据压汞资料统计，储层驱替压力 0.77MPa，中值压力 6.48MPa，中值半径 0.25μm，最大喉道半径 3.42μm，喉道分选系数中—好（2.46），最大含汞饱和度 80.74%，退汞效率 32.43%。

主力层长 6_1^{1-2} 层有效厚度平均 13.3m，岩心分析空气渗透率 2.29mD，有效孔隙度 13.7%，原始含油饱和度为 59.8%。地层原油黏度 1.91mPa·s，地层原油密度 0.75g/cm³，体积系数 1.21，原始溶解气油比 79.1m³/t；地面原油密度 0.84g/cm³，地面原油黏度 4.9mPa·s，凝固点 22℃；地层水矿化度 74.59g/L，以 $CaCl_2$ 型为主。

以王窑老区为例，原始地层压力 9.13MPa，饱和压力 6.19MPa。原始地层压力低，地饱压差小，天然能量贫乏，为弹性溶解气驱；油藏原始温度 44.2℃；最大主应力方向为 NE67°。受最大主应力的影响，人工压裂缝沿最大主应力方向延伸。

长 6 油层室内敏感性实验分析结果：无—弱水敏；无—弱速敏；酸敏程度东部为无—改善，中等—弱；无—弱盐敏。本区长 6 油层润湿性实验显示，岩样只吸水不吸油，平均无量纲吸水量 2.98%，属弱亲水油藏。

根据岩心水驱油结果，油层束缚水饱和度 34.8%、残余油饱和度 28.7%，等渗点处油水相渗值为 0.16，含水饱和度 53.5%，油水过渡段，油相相对渗透率下降快，水相相对渗透率上升较快。水相端点处相对渗透率为 0.615。由于束缚水、残余油饱和度比较高，油水两相流区间小（只占 36.5%）。

二、主要开发矛盾

安塞油田经过 30 余年注水开发，目前主要面临以下几个方面矛盾。

1. 进入中高含水阶段，含水上升加快，常规注采调整有效性差

自 1989 年全面注水开发以来，截至 2020 年底，28 个注水开发单元、57.2% 的产量进入高含水开发阶段，油藏含水上升速度加快，安塞油田等渗点均为 55%～60%，岩心实验表明，过等渗点后，水相相对渗透率变大，含水上升速度明显加快；水驱规律更加复杂，常规注水有效性差，自 2011 年以来有效率由 35.4% 下降至 24.9%（图 7-17 和图 7-18）。

2. 注采比高、存水率低，油藏无效注水突出

全油田累计注采比 1.85，其中注采比大于 2 的有 7 个油藏，注采较不均衡；塞 130 区块、塞 21 区块、午 105 区块和午 102 区块属于超低渗透油藏，无效注水率 51.9%（图 7-19 和图 7-20）。

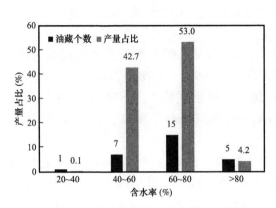

图 7-17 不同含水阶段油藏产量占比情况

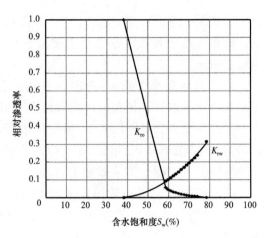

图 7-18 塞 130 区块相对渗透率曲线

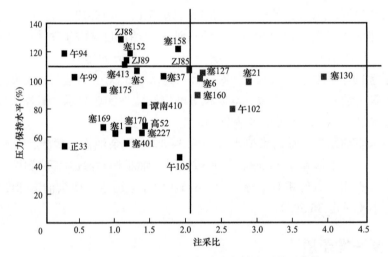

图 7-19 分区块注采比与压力保持水平关系曲线

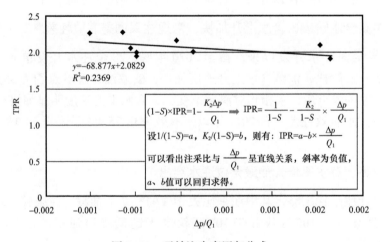

图 7-20 无效注水率回归公式

随着水驱效率的降低，采出吨油消耗注水量表现为逐年递增的趋势，2011 年吨油消耗注水为 4.7m³，2019 年吨油耗水已高达 6.4m³（图 7-21）。

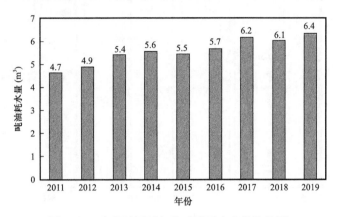

图 7-21 安塞油田近年来吨油耗水变化柱状图

3. 注水开发多年优势通道不断延伸，水驱波及系数降低

长期注水开发优势通道逐年延伸，结合动态试井解释显示，跨 2 个注采井距的优势通道 135 条，主要分布在坪桥、王窑等区块；检查井、加密水平井及水驱前缘测试显示，裂缝侧向强水洗宽度仅 60～80m，波及系数仅 0.6 左右（图 7-22）。

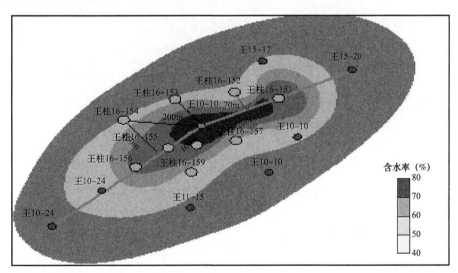

图 7-22 王 16-15 检查井组水淹等值线图

4. 部分井水驱不均、水洗程度差异大

统计 713 口井吸水剖面，平均水驱储量动用程度 80.7%，其中有 316 口井吸水不均，占比达到 44.3%；采油井剩余油测试显示，油层内部水洗程度不均，平均单井未水洗层为 8m 左右（占总厚度的 53.3%），制约驱油效率提高（图 7-23 和图 7-24）。

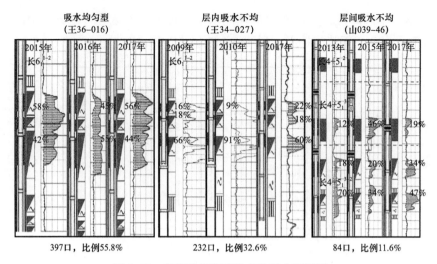

图 7-23　安塞油田典型注水井吸水剖面图

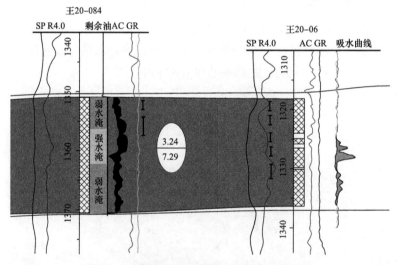

图 7-24　典型井组吸水剖面和剩余油的关系

三、深部调驱工艺技术实践

以安塞油田王窑为例，1987 年规模建产，初期采用反九点井网，后期调整为排状注采井网。截至 2020 年底，区块动用含油面积 76.11km²，动用地质储量 5212.21×10⁴t，主力油层厚度 18.4m，平均有效孔隙度 13.7%，空气渗透率 2.29mD，标定采收率 25.9%。

截至 2020 年底，油井开井 914 口，采油速度 0.53%，单井产能 0.79t/d，综合含水率 68.02%，采出程度 17.12%，注水开井 389 口，单井日注 14m³，月注采比 2.24，累计注采比 2.28。高含水开采阶段，采取平衡注水政策，压力保持水平 107.1%，受非均质性影响，区块含水上升矛盾突出。

（1）油藏处于"双高"开发阶段，含水上升速度加快，高含水井比例达 71.4%。其中中西部含水率 77.5%，采出程度 24.9%，常规注水调整有效率降低，有效期变短，效果减弱（图 7-25 和图 7-26）。

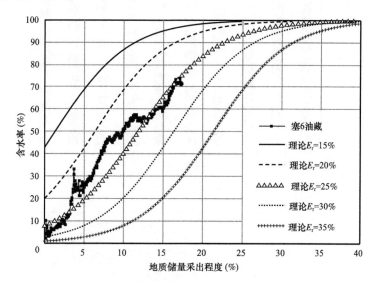

图 7-25　中西部含水率与采出程度关系

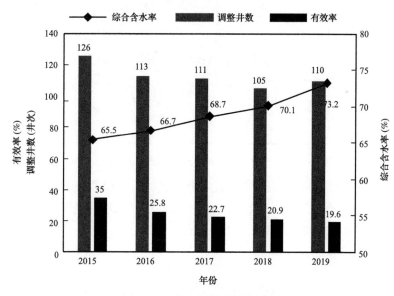

图 7-26　注水调整有效率对比

（2）东部裂缝发育（27 条），月注采比 4.20（全区平均 2.28），侧向平均压力 6.91MPa，压力保持水平 76.3%，油井见效比 43%，无效注水严重（图 7-27 和图 7-28）。

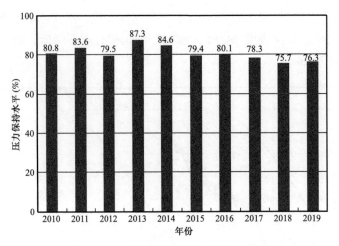

图 7-27　东部裂缝区历年压力对比图

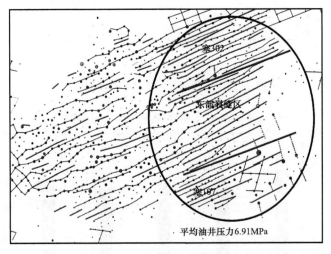

图 7-28　塞 6 油藏东部裂缝发育图

　　围绕以上开发矛盾，以整体改善水驱效果为目标，通过"点上封堵、面上调驱"结合，采用 PEG 凝胶单点治理、聚合物微球注水站集中注入连片调驱的工艺模式，调整平面及剖面矛盾，动用剩余油，改善油藏开发效果。

1. 聚合物微球改善水驱工艺技术

　　由前文可知聚合物微球驱油机理主要是微观上纳米粒径微球进入孔隙后滞留，使液固界面分子作用力更强，启动压力更大，从而降低渗透率；宏观上通过注入微球使得储层内比表面积增大，渗透率降低，见式（7-1）：

$$K=\frac{c\phi^3}{\tau S^2} \qquad (7-1)$$

式中　K——渗透率；

　　　　c——常数；

ϕ——孔隙度；

τ——迂曲度；

S——比表面积。

纳米聚合物微球在 10×10^4mg/L 矿化度条件下 8～10d 膨胀 2～3 倍，对增大内比表面积的作用更明显（图 7-29）。

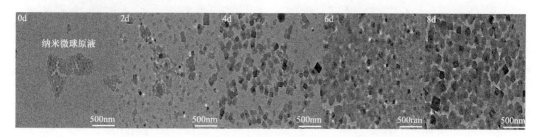

图 7-29　50nm 微球在 10×10^4mg/L 矿化水环境下的膨胀图像

1）工艺参数设计

（1）注入粒径：根据杏河区储层孔喉直径中值为 1.1～1.2μm，匹配聚合物微球粒径为 100nm 为主；部分区域见水程度高、物性好，存在明显优势通道，设计粒径 300nm，确保良好的深部注入性能（表 7-10）。

表 7-10　长庆油田聚合物微球调驱微球粒径与储层喉道匹配表

储层类型	渗透率 K（mD）	喉道半径 R（μm）	匹配微球粒径（nm）
低渗透	10.0～50.0	0.73～2.00	300
特低渗透	1.0～10.0	0.28～1.26	100
超低渗透	0.1～1.0	≤0.40	50

（2）注入浓度：根据室内评价结果，随着聚合物微球浓度的增加，阻力因子和残余阻力因子逐渐变大，但在聚合物微球浓度高于 2000mg/L 后，残余阻力因子增加幅度明显变小。聚合物微球浓度为 2000mg/L 时，其阻力因子和残余阻力因子分别为 18.5 和 5.7，说明聚合物微球在岩心中形成了有效的封堵，大于 2000mg/L 之后残余阻力因子增幅不大（图 7-30）。

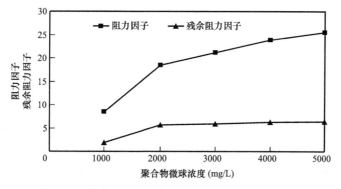

图 7-30　微球浓度与阻力因子、残余阻力因子关系图

室内平板填砂模型模拟了 2000mg/L、5000mg/L 条件下水驱波及面积的变化，从模拟结果看注入浓度为 2000mg/L 时的波及面积增幅相比浓度为 5000mg/L 时的增幅要高 6.79%，因此注入浓度建议为 1500～2000mg/L（图 7-31）。

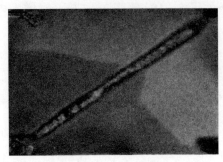

<table>
<tr><td>(a) 2000mg/L（提高12.50%）</td><td>(b) 5000mg/L（提高5.71%）</td></tr>
</table>

图 7-31　不同微球注入浓度平板填砂模型水驱波及面积图

（3）注入速度：室内设计 2.0mL/min、1.0mL/min、0.5mL/min、0.3mL/min 不同驱替流速，分析填砂管封堵率变化。从实验结果可知（图 7-32），当驱替流速不小于 1mL/min时，封堵率在 40% 左右，当驱替流速不大于 0.5mL/min，封堵率大于 60%，折算渗流速度应小于 2m/d，根据杏河长 6 油藏油水井间渗流速度测算，井间水流速度 1～2m/d，符合低速封堵的要求，因此设计注入速度为等配注注入。

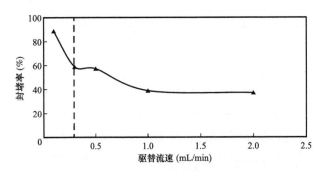

图 7-32　不同微球注入速度填砂管模型封堵率曲线

2）实践效果

2017—2020 年在塞 127 区块中西部持续开展聚合物微球调驱改善平面水驱，从注入粒径分析，对于明显存在优势通道区域，粒径为 300nm 的聚合物微球效果适应性较好，整体实现净增油，调驱后油井见效率达到 68.0%，综合含水率由 79.8% 下降至最低 73.6%，含水上升速度由 7.5% 下降至 -3.3%，当年递减增油 465t，截至 2019 年年底递减增油 952t，控水降递减效果显著（图 7-33）。

针对优势通道不明显，整体含水较高，为扩大水驱波及，开展 100nm 微球调驱。从实施效果看含水受控，调驱后油井见效率 57.1%，综合含水率由 72.6% 下降至最低 70.4%，含水上升速度由 4.8% 下降至 -2.7%，当年递减增油 1581t，截至 2019 年年底递减增油 2435t（图 7-34）。

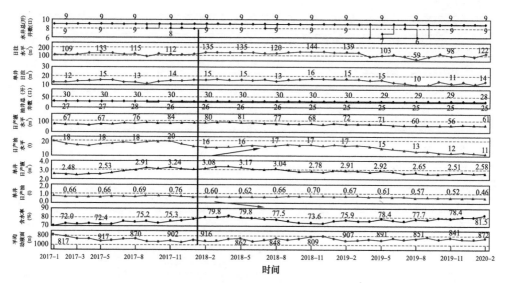

图 7-33 王窑中西部 300nm 调驱井组实施效果曲线

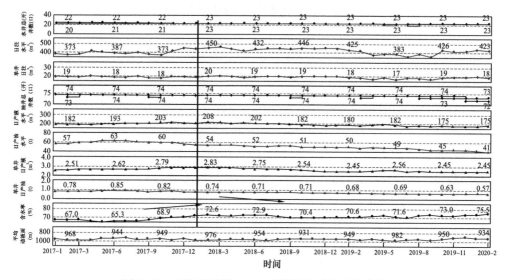

图 7-34 王窑中西部 100nm 调驱井组实施效果曲线

从多轮次调驱效果看，多轮次以巩固效果为主，区域连续实施 3 轮，实施 30 个井组，阶段递减率变化为 5.6%→3.4%→4.2%→4.8%，含水上升速度变化为 4.0%→2.0%→0.9%→1.8%；两轮次实施 44 个井组，阶段递减率变化为 8.4%→ -0.5%→0.4%，含水上升速度变化为 0.6%→-0.5%→1.4%，后期受提液影响含水率略有上升。整体上通过调驱，对控制含水上升、提高水驱采收率效果显著（图 7-35 和图 7-36）。

2. PEG 凝胶颗粒

对于单点堵水，针对常规体系配液复杂、颗粒粒径大、地下成胶风险大、易水解破胶、爬坡压力高等问题，应用 PEG 单相凝胶调驱剂，该产品具有成胶稳定、组分单一、分散性好、深部调驱能力强的优点（图 7-37）。

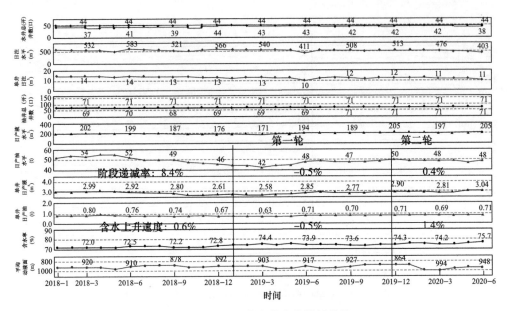

图 7-35　王窑两轮次井实施效果曲线

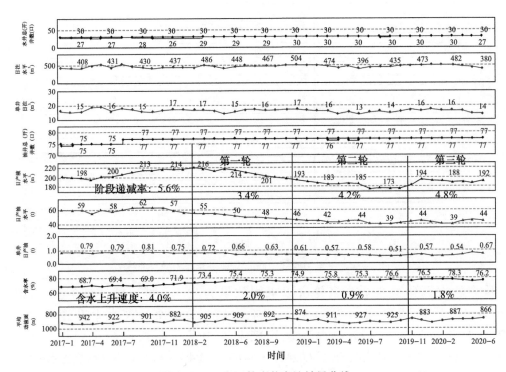

图 7-36　王窑三轮次井实施效果曲线

与常规体系相比，该产品具备以下优点：体系预制，消除了地下成胶风险，措施后不需关井候凝；组分单一，有效简化配液（单段塞注入），提升质量可控性；分散性、注入性好，可依托常规调驱设备不动注水管柱施工；粒径小，深部调驱能力增强，主要性能指标优于常规调驱体系（表 7-11）。

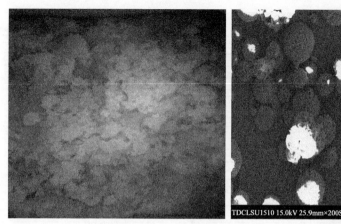

(a) 宏观形貌　　　　　　　　　　　　(b) 微观形貌

图 7-37　PEG 凝胶颗粒宏观、微观形貌图

表 7-11　PEG 单相凝胶颗粒与常规调驱体系技术指标对比表

调驱体系		原料种类（种）	合成工艺	粒径	初始黏度（mPa·s）	抗压强度（MPa）	耐温性（℃）	抗盐性（10⁴mg/L）	封堵率（%）	备注
PEG 单相凝胶		1	地面预交联	100~300μm	颗粒状	0.80	100.0	10.0	95.0	
传统体系	聚合物冻胶	2	地下交联	—	100~200	0.32（成胶后）	60.0	3.0	>85.0	
	体膨颗粒	1	地面预交联	1~8mm	颗粒状	0.53	—	—	—	需聚合物携带注入

実践效果：2019 年在王窑东部区域排状注水区针对含水上升井开展 PEG 凝胶颗粒调驱 4 井组，实施后注水井压力从 10.5MPa 上升至 11.1MPa，压力爬升 0.6MPa（图 7-38），进一步验证了相比冻胶＋颗粒体系，PEG 凝胶颗粒具有较好的注入性；对应油井综合含水率由 59.5% 下降至 52.1%，含水率下降了 7.4%，日产油量由 11.2t 上升至 12.4t，控水效果显著（图 7-39）。

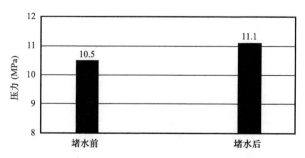

图 7-38　PEG 凝胶颗粒注入前后注水井压力柱状图

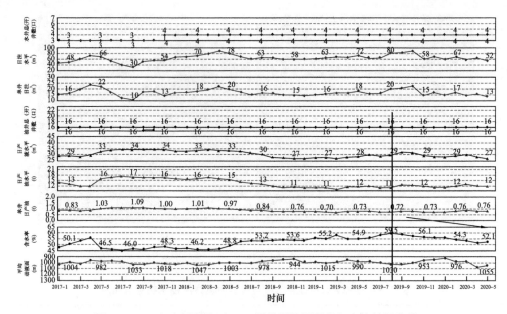

图 7-39　王窑东部裂缝区 PEG 凝胶颗粒调驱井组实施效果曲线

参 考 文 献

［1］王宇.对于国内外射孔技术发展综合探究［J］.化学工程与装备，2016（3）：165-179.

［2］李丹，杨凤凯.国外油气井射孔技术展望［J］.国外测井技术，2020，41（2）：20-183.

［3］曹振斌.现代油气井射孔技术发展现状［J］.化学工程与装备，2020（1）：181-183.

［4］闵琦，刘建营，刘建辉，等.长庆油田高能气体压裂技术［J］.测井技术，2019，43（2）：211-214.

［5］王飞航，刘铮，张建坤，等.高能气体压裂技术探讨［J］.科学管理，2018（3）：258.

［6］刘其伦，曾志国，王鹏，等.注水井酸化参数优化和增注预测方法的应用［J］.技术装备，2020（1）：44-45

［7］罗成玉.中国石油油气田产能建设投资管理探讨［J］.国际石油经济，2018，26（9）：5.

［8］全国石油钻采设备和工具标准化技术委员会.石油天然气工业 钻井和采油设备 井口装置和采油树：GB/T 22513—2013，［S］.北京：中国标准出版社，2017，7.

［9］罗英俊，万仁溥，陈端宗，等.采油技术手册（第三版）［M］.北京：石油工业出版社，1991.

［10］Pei X H，Yang Z P，Ban L. History and actuality of separate layer oil production technologies in Daqing Oilfield［J］. SPE 100859，2006.

［11］罗艳滚，王姝，李留中，等.南堡油田斜井分层注水技术研究［J］.石油钻采工艺，2009，31（S2）：124-127.

［12］张玉荣，闫建文，杨海英，等.国内分层注水技术新进展及发展趋势［J］.石油钻采工艺，2011，33（2）：102-107.

［13］于九政，巨亚锋，郭方元.桥式同心分层注水工艺的研究与试验［J］.石油钻采工艺，2015，37（5）：92-94.

［14］于九政，杨玲智，毕福伟.南梁油田桥式同心分层注水工艺的研究与应用［J］.钻采工艺，2016，39（5）：30-32.

［15］杨玲智，刘延青，胡改星，等.长庆油田同心验封测调一体化分层注水技术［J］.石油钻探技术，2020，48（2）：113-117.

［16］王杰祥.油水井增产增注技术［M］.东营：中国石油大学出版社，2009.

［17］任志鹏，王小琳，李欢，等.长庆油田姬塬长8油藏增注工艺技术研究［J］.石油地质与工程，2013，27（2）：108-111.

［18］张顶学，廖锐全.低渗透油田酸化降压增注技术研究与应用［J］.西安石油大学学报，2011，3（25）：52-55.

［19］兰夕堂.注水井单步法在线酸化技术研究及应用［D］.成都：西南石油大学，2014.

［20］汪本武，刘平礼，张璐，等.一种单步法在线酸化酸液体系研究及应用［J］.石油与天然气化工，2015，44（3）：79-83.

［21］李洪建，余先政，周文静，等.硫酸钡结垢对岩心渗透率影响模型研究［J］.科学技术与工程，2017，17（31）：216-221.

［22］李欢，王小琳，南君祥，等.姬塬油田长8砂岩储层物性特征研究［J］.科学技术与工程，2012，12（8）：1900-1903.

［23］杨琼，聂孟喜，宋付权.低渗透砂岩渗流启动压力梯度［J］.清华大学学报（自然科学版），2004，44（12）：1650-1652.

［24］杨欢，苑慧莹，王尚卫，等.高含钡锶离子采出水成垢趋势分析方法研究［J］.科学技术与工程，2015，15（13）：104-107.

［25］吴小斌，王志峰，崔智林，等.镇北地区超低渗储层敏感性评价及机理探讨［J］.断缺油气田，2013，20（2）：196-200.

［26］隋岩峰，解田，李天祥，等.膜分离技术的研究进展及在水处理方面的应用［J］.贵州化工，2011，36（6）：15-18.

［27］刘淑秀，姚仕仲.纳滤膜及其表面活性剂分离特性的研究［J］.膜科学与技术，1997，17（2）：20-23.

［28］张烽，徐平.反渗透、纳滤膜及其在水处理中的应用［J］.膜科学与技术，2003，23（4）：241-245.

［29］杨玉琴.纳滤膜技术研究与市场进展［J］.信息记录材料，2011，12（6）：41-49.

［30］Hilal N，Al-Zoubi H，Darwish N A，et al. A comprehensive review of nanofiltration membranes : Treatment, pretreatment, modeling, and atomic force microscopy［J］. Desalination, 2004, 170(2): 281-308.

［31］Al-Shammi R M，Ahmed M，Al-Rageeb M. Nanofiltrati on and calcium sulfate limitation for top brine temperature in Gulf desalination plants［J］.Desalination, 2004, 167(2): 335-346.

［32］Hassan A M，Farooque A M，Jamaluddin A T M，et al. A demonstration plant based on t he new NF-SWRO process［J］. Desalination, 2000, 131(1): 157 - 171.

［33］Plummer M A，Colo L. Preventing plugging by insoluble salt in a hydrocarbon-bearing formation and associated production wells : US, 4723603［P］.1988-02-09.

［34］Davis R，Lomax L，Plummer M. Membranes solve north sea waterfood sulfate problems［J］. Oil& Gas journal, 1996（25）: 59-52.

［35］刘玉荣，陈一鸣，陈东升，等.纳滤膜技术的发展及应用［J］.化工装备技术，2002，23（4）：14-17.

［36］张朔，蒋官澄，郭海涛，等.表面活性剂降压增注机理及其在镇北油田的应用［J］.特种油气藏，2013，20（2）：111-114，156-157.

［37］崔晓东，郭东红，孙建峰.表面活性剂降压增注提高采收率机理研究［J］.精细与专用化学品，2017，25（7）：4-6.

［38］肖啸，宋昭峥.低渗透油藏表面活性剂降压增注机理研究［J］.应用化工，2012，41（10）：1796-1798.

［39］柳兴邦.降压增注表面活性剂筛选与注入参数试验研究［J］.中国石油大学胜利学院学报，2012，26（3）：4-8.

［40］渠慧敏.低渗透油藏储层表面改性增注技术进展［J］.精细石油化工进展，2012，13（8）：9-11.

［41］李长平，赵春立，李浩然，等.双子 Gemini 表面活性剂在低渗油藏中耐温耐盐性研究进展［J］.应用化工，2020，49（8）：2107-2111.

［42］梁玉纪，海心科，李玉明.低渗透油田表面活性剂降压增注技术及应用［J］.石油天然气学报，2010，32（4）：353-355.

［43］彭冲，李继彪，郑建刚，等.双子表面活性剂复配体系性能评价及在陇东油田的应用［J］.油田化学，2019，36（4）：91-95.

［44］廖广志，马德胜，王正茂.油田开发重大试验实践与认识［M］.北京：石油工业出版社，2017.

［45］钟大康.致密油储层微观特征及其形成机理——以鄂尔多斯盆地长6—长7段为例［J］.石油与天然气地质，2017，38（1）：49-61.

［46］李树同，姚宜同，刘志伟，等.姬塬、陕北地区长81浅水三角洲水下分流河道砂体对比研究［J］.天然气地球科学，2015，26（5）：813—822.

［47］王香增，张丽霞，李宗田，等.鄂尔多斯盆地延长组陆相页岩孔隙类型划分方案及其油气地质意义［J］.石油与天然气地质，2016，37（1）：1-7.

［48］姚泾利，邓秀芹，赵彦德，等.鄂尔多斯盆地延长组致密油特征［J］.石油勘探与开发，2013，40
（2）：150-158.

［49］李树同，姚宜同，乔华伟，等.鄂尔多斯盆地姬塬地区长 8 致密储层溶蚀作用及其对储层孔隙的定
量影响［J］.天然气地球科学，2018，29（12）：1727-1738.

［50］马晓丽，商琳，孙彦春，等.潜山双重介质油藏剩余油赋存类型及治理对策［J］.特种油气藏，
2017，24（6）：116-120.

［51］徐绍良，岳湘安，侯吉瑞，等.边界层流体对低渗透油藏渗流特性的影响［J］.西安石油大学学报
（自然科学版），2007，22（2）：26-28.